中国人居遗产文化发展丛书 平遥系列

丛书主编 邵甬

冀太平 著

黄土的馈赠

平遥城的精神探索与1975—1995年保护回顾

同济大学出版社
TONGJI UNIVERSITY PRESS

·上海

图书在版编目（CIP）数据

黄土的馈赠：平遥城的精神探索与1975—1995年保护回顾 / 冀太平著. — 上海：同济大学出版社，2022.12

（中国人居遗产文化发展丛书 / 邵甬主编. 平遥系列）

ISBN 978-7-5765-0494-1

Ⅰ. ①黄… Ⅱ. ①冀… Ⅲ. ①古城—保护—研究—平遥县 Ⅳ. ①TU984.225.4

中国版本图书馆CIP数据核字（2022）第222539号

中国人居遗产文化发展丛书　平遥系列

黄土的馈赠：平遥城的精神探索与 1975—1995 年保护回顾

冀太平　著

责任编辑 吕　炜　吴世强　　**责任校对** 徐春莲　　**装帧设计** 完　颖　王　翔

出版发行　同济大学出版社 www.tongjipress.com.cn

　　　　　　（地址：上海市四平路 1239 号　邮编：200092　电话：021-65985622）

经　　销　全国各地新华书店

排　　版　南京文脉图文设计制作有限公司

印　　刷　上海安枫印务有限公司

开　　本　710mm×1000 mm　1 /16

印　　张　12.5

字　　数　312 000

版　　次　2022 年 12 月第 1 版

印　　次　2022 年 12 月第 1 次印刷

书　　号　ISBN 978-7-5765-0494-1

定　　价　88.00 元

"中国人居遗产文化发展丛书
平遥系列"编委会

丛书主编　邵　甬

名誉主编　阮仪三

编委会成员（按照拼音排序）

　　　　杜晓帆　胡力骏　冀太平　景　峰

　　　　李锦生　李静洋　王金平　温俊卿

　　　　许　中　翟顺河

作者简介

冀太平，山西平遥人。自 1982 年起一直从事城市规划、古城保护、旅游发展等相关工作，曾任平遥县城乡规划局局长、平遥县文物局局长，系中国城市规划学会历史文化名城规划学术委员会委员、山西省城市规划学会理事。20 世纪 80 年代，参与了《平遥县城总体规划》和《平遥历史文化名城保护规划》的编制。90 年代后，主持了平遥南大街及县衙的整治修复和开发工作，先后任明清街（南大街）管理处主任、县衙博物馆馆长。近年来著有《梦语》等多本书，阐述在平遥古城保护与发展中的实践及思考历程，呼吁并致力于"平遥学"的构建。

序言

斗转星移，1960 年代初，我跟随董鉴泓先生调查山西，初识平遥；1980 年代，我带领同济师生编制总规，保护了平遥，使其免遭建设性破坏；2000 年以后，我的学生邵甬再次带领同济师生，为平遥的活态保护与可持续发展努力，倏忽一甲子了。在这个过程中，以平遥为代表的中国历史城市的价值逐渐被世人所认识，以平遥为代表的中国城市遗产保护理论与实践逐渐被世界所认同。

今年，恰逢联合国教科文组织《保护世界文化和自然遗产公约》通过 50 周年，中国历史文化名城保护制度建立 40 周年，也是平遥保护实践 40 周年，平遥古城被列入《世界遗产名录》25 周年。因此，"中国人居遗产文化发展丛书 平遥系列"的出版，适逢其时，我为之作序，甚为欣慰。

平遥古城位于中国山西省的中部，始建于西周宣王时期（公元前 827—前 782 年）。自公元前 221 年中国实行"郡县制"以来，平遥一直是"县治"的所在地，延续至今。这是中国最基层的一级城市，现存的古城墙是明洪武三年（1370 年）扩建的，于清朝经历数次维修。城内有六大寺庙建筑群和市楼等历代古建筑。城内有大小街巷 100 多条，它们保存了原有的历史形态，街道两旁的商业店铺基本上是 17—19 世纪的建筑。城内有 400 多处传统民居院落保存完整，地方风貌独特。因此，平遥在 1986 年被列入第二批国家历史文化名城，在 1997 年被列入《世界遗产名录》，联合国教科文组织世界遗产委员会认为："平遥古城是中国汉民族城市在明清时期的杰出范例，平遥古城保存了其所有特征，而且在中国历史的发展中为人们展示了一幅非同寻常的文化、社会、经济及宗教发展的完整画卷。"

平遥古城的保护与发展是现代的遗产保护、城市发展理念与悠久的古城文化的深度融合，更是一场持续的、队伍日渐壮大的团体接力赛。

首先，平遥古城是平遥人民智慧创造并长期坚守的结果。平遥地处中华民族大融合中间地带，悠久而厚重的文化积淀，培养了平遥人崇礼、重教、讲义、守信的特点，平遥商人更是在走南闯北的艰苦奋斗中，敢创新、善经营，逐步在原来商业网络的基础上发展了票号业，并一度使平遥成为中国的金融之都。财富的聚集、资本的积累，为平遥古城奠定了丰厚的物质基础，形成了多元的非物质文化。20 世纪后半叶，平遥历届政府与李有华、李祖孝、王中良、冀太平等地方文物、规划专业人员开始了城墙保护等工作，为后续的城市保护奠定了重要的基础。如今，他们的后继者仍然坚守着遗产保护与文化传播的重任。

其次，平遥古城的保护与发展，是同济大学师生们、众多机构与专家学者共同探索的结果。1981 年夏天，带着陈从周先生的嘱托，在董鉴泓先生的支持下，我和张庭伟老师带着十名同学赴平遥，和当地技术人员一起编制完成了《平遥县城总体规划》。在相关法规制定不充分、配套政策不完善的情况下，这个总体规划的编制明确了平遥"保护旧城，建设新城"的兼顾遗产保护与城市发展的思路。这个规划得到了郑孝燮、罗哲文、王景慧等先生的大力支持，也通过山西省住房和城乡建设厅、山西省城乡规划设计研究院有限公司等的长期跟踪与努力获得逐步实施。2000 年以后，我的学生邵甬主持平遥古城的保护规划，她与山西省、平遥的地方专家，与众多研究机构和高校，与联合国教科文组织、法国、英国、澳大利亚等遗产保护专家形成的专业保护团队，共同为平遥古城的保护与可持续发展贡献力量。

最后，平遥古城的保护与发展，更是国家制度建设与更广大的社会力量参与的结果。平遥古城保护 40 年，也是中国历史文化名城保护制度建设的 40 年。这 40 年中，我国逐步建立了历史文化名城保护的法律、政策、规划、管理等制度，历史文化名城的保护层次不断完善，保护对象和类型不断拓展；从"新旧分离"的总体规划，到"见人见物见生活"的活态保护理念，探索出一条具有中国特色的城市保护新路径，涌现出一大批优秀案例，平遥就是其中的代表。同时，更广大的社会力量通过文化旅游、特色经营、参与志愿者活动等方式加入遗产保护与文化传播的工作中，形成了强大的保护与传承的社会基础。

如今，平遥古城在各级领导、国内外专家、当地政府和当地百姓的共同努力下，仍然保存完好，在发展旅游的同时还保留了浓浓的烟火气，这让我深感欣慰。

"中国人居遗产文化发展丛书 平遥系列"由邵甬、冀太平等多年工作在第一线的研究者、管理者们从平遥的历史、特征、价值等多个维度解析平遥古城这个稀世珍宝及其保护与发展的历程，以他们的大量亲身经历与调查访谈为基础，植根文化厚土，展望可持续发展之未来，满怀深情，饱含哲思。

希望平遥能遵循习近平总书记在考察平遥时作出的"敬畏历史、敬畏文化、敬畏生态"的指示，对古城历史文化保护传承与增进民生福祉给予高度重视，也希望更多力量能够参与此项事业，共同推进文化自信自强建设。此丛书能在构建具有中国特色的历史名城保护模式与弘扬优秀文化方面给大家一些参考与启示，是我与作者们的共同心愿。

（阮仪三）

同济大学建筑与城市规划学院　教授

同济大学国家历史文化名城研究中心　主任

2022 年 12 月于上海

前言

在人类社会的发展史中，20 年的时间基本是可以被忽略的。对于具有悠久历史的平遥县城来讲，20 年也只是弹指一挥间。如果在这段时间中没有比较大的、对后来具有一定影响的事情发生，这 20 年常常容易被人淡忘。

在平遥县城的发展史中，1975—1995 年的 20 年时间也是被人们淡忘的岁月。相比于明清时期平遥的"辉煌"，"申遗"成功之后的"高光"，甚至"文化大革命"时期的"疯狂"，这段时间的确是一种默默的存在。相比别的县城的"现代化"发展来讲，这段时间的平遥县城甚至还是"落后"的存在。这段时间被历史淡忘，自然是合理的，也是真实的。这段时间，平遥县城给人们留下的记忆实在太普通、太平静了，但是，对于这座城的保留、保存太重要了，其实是不应该被忘记的。

现在的平遥城，被人们习惯地称为平遥古城，而且这种叫法非常响亮，成为"风光"的存在。众所周知的原因是它被列入"世界文化遗产"，又赶上社会的发展，随着国内旅游业的全面兴起，平遥被迅速推向全国、全世界。这给平遥城、平遥人带来了始料未及的巨大变化，这个变化甚至让平遥有点措手不及。这个"成绩"的取得，从阶段特征来讲，当然要归功于"申遗"，是"申遗"让平遥自"全国金融中心"之后，再次走向全国，进而走向世界，成为"中国汉民族城市在明清时期的杰出范例"，也成为著名的旅游城市，带动了就业，让平遥人打开了视野，增长了见识，也增长了财富。"申遗"的功绩已然载入史册，人们不会忘记。

从事物的普遍规律来讲，任何事情的成功一定是大量朝着成功的方向进行的各种努力积累到临界点后转化和升华的结果。平遥"申遗"的一举成功，当然也遵循了这个客观规律。

平遥"成功"和"成名"的历程，正是1975—1995年以及之前各段"平常""普通"甚至"落后"的存在从量变到质变的过程。风浪暂息孕大潮！平静和平常的背后，是对未来能量的孕育和储备，是这些时期的历史价值和历史作用。而"申遗"成功，是对这些时期无数日常工作的一种肯定和回报。

平遥县城"申遗"就好比经过本科、硕士、博士之后又获得了一种高级荣誉或高级职称。那么"申遗"的过程就是对具备条件的对象依照程序进行"申报"和"推荐"工作。"申遗"的成功是对平遥县城历史遗存保留和保存的肯定和确认，这是社会的基本共识。历史由大家书写，我希望进入历史的深处回忆、记述这段过往，对前人的付出和努力保留一份尊敬，更重要的是给参与遗产申报工作的今人留得一份尊严，以告慰前辈、明示后人。

基于此，当我思考本书行文构架，回忆起这20年中以及之前平遥成长过程中的重要节点时，不禁感叹这片土地的神奇，也不禁感叹古人营建的这座城的种种独特和奇妙。1975—1995年，我们完成的使命仅是对县城古迹和文化的完整留存；而平遥的先人在漫长的历史发展过程中给平遥留下了深厚的传统文化和城镇遗产，这才是"申遗"的根本和基础。

本书分上、下两篇。上篇以拜读心得和感悟为主，阐述对这座城历史价值的理解。下篇则侧重反映对 1975—1995 年平遥县城保存工作的思考和总结，从名城保护和城市建设的视角对这个时段大家的努力和付出进行了图文结合的展示。我想要表达的是，各个时代、各个阶段、各个个体和群体，都认真地完成了时代和历史赋予的使命和责任。只有这样，我们方觉得对得起先人对平遥县城教科书式的营建和一辈辈人对"城"的爱护，实现了对这座城所担负的历史责任的承接，从而成就了今人"申遗"的历史使命。

对于平遥县城来说，古人营建之完美、后人保存之完整，为今人创造了"申遗"的基础和条件，当然更给后人留下了巨大的历史责任和使命。荣誉取得之日，更是责任和使命开始之时。激励后代人完成责任和使命，是我写作本书的目的。所以，文字处处流露着这样的期望。在此，我祝愿平遥的未来之路更健康、更美好，平遥人更幸福、更快乐。思考或分析的文字如有不妥，敬请各位读者和社会各界以对学生的宽容和帮助的姿态给予理解，并不吝赐教，我将不胜感激。

2020 年 12 月

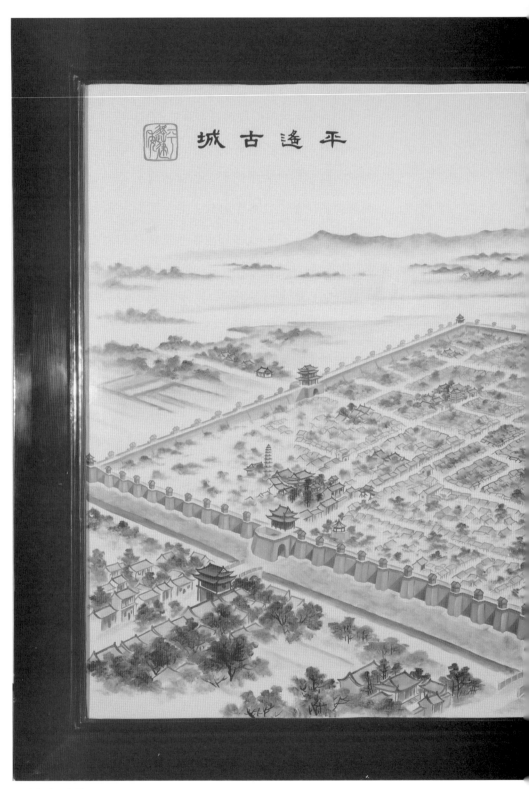

平遥古城图漆屏

（1983 年 10 月，全国中小历史文化名城保护和建设研讨会中平遥建委参会所携材料。中国工艺美术大师薛生金绘，平遥推光漆器厂制。）

一九八三年生金

漆屏草稿

（薛生金绘制。）

目录

市楼老照片
（作者收藏。）

一座有着千年积淀、鲜活至今的城市，犹如一本百科全书，供后人品读。以不同阅历和视角去阅读，必然会有不同的收获。平遥这座曾经辉煌、如今凭借完整的保存状况令世人仰止的历史城市所呈现的汉民族城市文化"巨著"，表面通俗浅显，内涵高深典雅，能让所有人找到阅读的兴奋点，可谓独特的存在。

自平遥成为国家历史文化名城，尤其是"申遗"成功以来，社会各界的高度认可和关注，使平遥成为了国内国外、各行各业研究、参访中国传统城镇、传统社会和现代金融起始等的必到之所。平遥具有如此丰富的文化内涵，随着时间推移，其文化价值将会更加深厚。

作为一座承载汉民族文化的传统城市标本，平遥当之无愧。它所反映的文化的全面性和系统性在当下的中国绝无仅有。研究汉民族文化，通常以平遥县城为范本，因其具有真实性和完整性，别的地方难以替代。现距离平遥被列入世界文化遗产已25年，对于文化的研究已有较多成绩。但不足的是，研究仍然停留在线条式和碎片化的表面，缺乏大空间视野、大历史思维及纵横向的对比研究，对一座城市所承载的文化的综合研究目前所涉及的学科门类也极其有限。很显然，既有研究与这座城市所拥有的文化含量极不匹配，缺乏搭建学科平台和构架的独特方法手段来回应"平遥古城是中国汉民族城市在明清时期的杰出范例，平遥古城保存了其所有特征，而且在中国历史的发展中为人们展示了一幅非同寻常的文化、社会、经济及宗教发展的完整画卷"①的至高评价。我们盼望、期待"平遥学"的诞生，让这座肩负弘扬民族文化使命的城市所蕴含的智慧大放光芒。

　　如今我们以"读"城的心态，以文化遗产保护的视角体会和分析平遥过去的成长和营造之道，表达对平遥城内涵的敬畏；记述拜读的心得，意在表示对这座城的敬仰。

① 1997年联合国教科文组织世界遗产委员会对平遥古城的评价。

前世之谜

平遥、平遥县城可谓一个神奇的存在。无数的先贤在这片厚重的黄土地上给世界留下了一座城池。这座在发展过程中并不是特别出名的城池，千年之后，由于孕育了无尽的文化宝藏，而名冠五湖四海、熠熠生辉。

汉字"平"和"遥"组合并成为地名称谓，据史料记载起始于北魏，为避太武帝拓跋焘名讳，故将"平陶"改为"平遥"，距今已约1600年。由此可知，平遥的曾用名或者前身为"平陶"。西汉时期，在现今平遥县域地理概念境内及周边地区（包括现文水县境内部分区域），中都、平陶、京陵三县曾经同时存在。之后进行过类似现今行政区划的调整及治所的布局重组，其调整重组的结果大体维持至今。中都迁往现在的榆次区域；废京陵，合于平陶。至于当时做这样的布局和设置重组是出于何种考虑，是政治原因还是自然灾害（比如水患），没有记载。

城乡文化遗产保护研究重点关注的是物质空间的存在及其所承载的历史文化。京陵和平陶这两个地名，现在仍然留存。一个为平遥县洪善镇京陵村及其附近的岳壁乡阎良庄村文物保护单位京陵故城遗址，另一个为现在文水县境内孝义镇平陶村。京陵城废后，平陶县治所置于何处？按常理应仍在原平陶县。虽然现在平遥城与原京陵城相距很近，但是在废弃的城池设置治所的可能性应该不大。再加之对京陵城遗址的初步勘探，城北大部分地区均被水淹，在此设治所的概率则更是小之又小了。北魏时期平陶改称平遥之后，治所是否有所变化？仍属未知。其实这个问题已让后人纠结多年，由于历史久远，无凭无据，只能自然悬搁。这一组在城乡文化遗产保护的语境中像问题又不像问题的疑问毕竟是平遥城前世的"前世"，再加之缺乏资料和实证，无法作答，我们姑且大步跨过。在此我们主要想探寻的是现在的平遥城是何时在此落户的呢？

现存于世的《平遥县志》，最早当为明万历四十八年（1620年）版，书中对城池的表述为"旧城最窄，东、南二面俱低，周宣王时尹吉甫北伐玁狁，驻兵于此，遂展筑西、北二面"，以后历朝历代编修县志均照此文转述。这个表述是在回答平遥城池何时建在现址的吗？显然不是，但这句话把这片土地拉回2 700多年前，对现在平遥城池城址进行了"立祖式"的描述，描绘出了这片土地的历史悠久。由此我们可以理性而且美好地认为，在平遥城池及县治在此"落户"之前的西周，这块相对比较高耸而且水势、山势、气势俱佳的风水宝地为西周大将尹吉甫首选驻兵之地。遗憾的是，这仍然没有回答平遥城何时在此落户，也没有交代从尹吉甫在此驻兵到汉魏时期行政区划调整的1 000多年中，此宝地用途有无变化；同时，我们也找不到从西周之始到平遥县城落户该宝地的经历沿革；当然也看不出北魏改"平陶"为"平遥"后，此处变迁的痕迹。尽管我们还有众多未解之惑，但敢于肯定的一点是，平遥城在此落户之时，这片土地绝不是白地，它一定已经有了相当多的积累，进而被当时的决策者依据社会价值、风水原理或发展需求判定为吉地，这样才有了平遥县治在此设立的前提条件。

其实这个话题中还有一个令我们无法绕开并且非常重要的内容，就是当时平遥县治迁往现址时关于人口的考虑。曾经的平陶合京陵也好，中都迁榆次也好，一般来讲，关于人口的通常做法是百姓就地生活或就近分散搬迁，治所撤并，官员随治所流动。平遥迁移至现在的城址时，难道是连民带官从原址一起迁徙、在此新建一座城？如果有如此重大行动，别说在当时，即便放在当下也实属重大事件，为何没有留下只言片语？如果此地已有相当数量的人口集聚并形成一定规模，必然应有相应的组织机构，哪怕是个村，也该有点历史痕迹。遗憾的是，史料匮乏，从西周到明朝初年，中间的过往犹如真空。

同样让我们感到困惑的是"平陶"这两个字的存在。按说当年将"平陶"改为"平遥"，"平陶"这个地名就不应该再存世。有趣的是，在原来属于平陶县的地方，现今仍然保留着平陶的地名，尽管已变为村名。这也许有一种可能，那就是当"平陶"改为"平遥"并从平陶迁往平遥城的现址时，人口留下了，并将该处另起他名以继续保留，后改朝换代，时过境迁，原来的忌讳不再存在，为了怀念故名，又恢复旧名"平陶村"。如果这个推断成立，当年平陶县城的人口原地保留，那平遥城现址的人口又是从何而来？是从原平陶城迁来的？还是这个地址的原有人口呢？这个问题扑朔迷离。

平遥城前世这么多的难解之题，无疑给平遥城蒙上了一层神秘的面纱，同时也给我们留下一道几乎无解的难题！可喜的是，近年来出土的唐墓志表明，最晚在隋代，平遥县治、城池就在现址，且具有相当规模。这些难题专业人士仍在不停地探索，相信将来会有收获。此外，还有一个谜题，那就是西周尹吉甫驻兵于此史实的论证，此题与本文关系不大，顺便一提，但同样非常有趣！

尽管平遥城何时何因在此处生根是未解之谜，但平遥作为一个特殊的存在，接承日月恩泽、厚土馈赠，在明清时期特别是清代中期，中兴崛起，执中国金融牛耳百年之久，造福晋中盆地，这都是历史的真实。

平遥在明清时期中兴也好、辉煌也罢，追根溯源，我们主观地认为城池的选址布点无疑是其后天成就的根基。无数先贤大师的千年气运，培育了城池的格局和胸怀。

北宋末年的"靖康之难"，据李致尧《汾州平遥县葬枯骨碣铭并序》一文记载："本县顷自丙午岁①季秋二十一日大军破城，时有援兵五千人、遗民数百户，内外生灵约计千万……尸盈郊邑，血满道涂，触渎天地，暴露星霜，日往月来，股分肉尽，亲知莫辨，男女无分，白骨交横，孰可忍耶！"这对平遥城的打击，应该说是空前的。而元大德七年（1303年）旧历八月六日夜的地震，历代县志均有记述："县人死者三千六百三十名口，伤者四千三百九十名口，头畜死者五百二十，房屋倒塌二万四千六百间，公廨倒塌殆尽，地涌黑沙与水不止，是时乏食之家计一万三百五十口。"可见该地震在平遥人心目中留下的巨大阴影，数百年挥之不去，其对城的影响，无疑也是极具毁灭性的。但是，一座城市的兴起，和一个人的成长其实是极其相似的，也许种种大难是对这座城丰厚福报的蓄积，是上苍在冥冥之中对这座城池美好未来的厚植。

① 靖康元年，1126年。

选址之道

中国古代的城市，其建制等级、规模大小、风水选址都自成体系，随朝代更迭或有扩减，但汉民族御敌安民的建城核心精神和崇山敬水的选址理论，以及天人合一的城市布局思想，始终贯穿在中华大地城市兴衰的每一次变化中，从而形成留给当代人的丰富文化遗产。

山西多山，史前更是森林密布、水系发达。山和水在城市的选址营建方面是重要的外围地景坐标，也是城市人民生活的资源保障。无论为了防御战事还是民生，古人都会寻找一种城市和山水的呼应与联系。

一、天然之成的城址

平遥城的选址和其他县城选址所依据的理论和原理基本一致，但是在操作层面，平遥的选址和建设更为大胆、更为娴熟、更为宏大。它对应的风水格局、城乡空间为后来平遥县城的成长留下了非常宽松的空间。所以，一座城市的强盛与否，绝不仅仅在于城池的大小，还在于其与山水的关系，依托山水格局借势、造势而形成的城乡空间才是一座城市的灵魂和核心价值。

从大空间上看，平遥及平遥城西北倚靠吕梁山，东南面向文明厚重的太岳山。从高空俯视，两山呼应之势非常神似太极双鱼图，在图的中心点有一座城，即平遥城。两山之间留出富足的气道、水道及陆道，上通幽燕、下达秦蜀，可谓通天接地。两大山脉之间的水陆大道，古往今来都是联系南北之大通道。这条通道历史悠久，也是兵家必争必保的命脉，承接悠久的积淀，到明清形成通衢京陕驿道，繁盛千年，历久弥新，乃至在当今仍是重要的陆地战略通道。从战略大通道的历史渊源上回顾，其实它更是农耕和游牧民族大融合、大交流、大碰撞的大管道，自然在历史的长河中形成和留下了丰富的历史事件和文化记忆。平遥恰恰处在融合前沿的后方，既重要又从容，这个得天独厚的地理位置为聚集和积累文化及财富搭建了天然的空间平台。平遥城处在这样一个空间位置和地理要冲，自然命运不凡。

还有一个传说，吕梁和太岳两山之间水势逐渐退出，形成湖泊、湿地、沼泽，从中爬出的万年神龟驻足在这片河水冲击而形成的黄土之上，神龟承载的灵气哺育了这座城。尽管在祖国大地上被称为"龟城"的城池绝非只有平遥，但能像平遥这样屹立千年，还能承载和传承文明的，真是绝无仅有。

中国写意山水画，历来推崇远山近水有人烟、大路小径通天涯的大气势、大格局，能暗合、匹配某种文化象征符号的布局，往往被称为有神韵的灵气之作。将平遥城的选址落点放在地理大视野中去品读，太极双鱼图的画面感天然而成，自有一番蕴意。

在这样一条文化大通道上，一定不乏具有成功标志的城镇和人物出现，汉景帝就曾在平遥这片土地上生活了12年之久，给此处平添了几分王气。

二、与众不同的落笔

从风水的角度看，平遥城的方位、朝向、布局在操作层面上讲是极具挑战性的。面南向阳，可谓建城的基本要求。平遥城满足这个面南向阳的基本采光需求，但与"靠山宜近，看山可远"的基本常理不相符。[①]普通的堪舆师是不敢做如此不合常理的布置的。平遥城与靠山的距离近40千米，是与看山距离的3倍之多，而且跨越大河、小河无数，很是别样。平遥城就是这样不合常理、优雅从容，而且千年之后风光依然。

这样的选择是艺高人胆大的绝世之作。想来这位或这批堪舆者对风水理论一定有着深刻的理解，并且会自如地运用，这样才有了平遥城大胆的营建选址。后人又运用高超的技巧对不合常理的缺陷进行了巧妙的化解。无数平遥人相信代代口耳相传的平遥城"四拗"[②]便是从意念中化解缺陷，在精神上改变朝向，从而达到理论上的合理，实现现实中的完美的绝妙之举。

平遥城选址是在统一的传统理论之下，对特定地域空间和文化生态、自然生态的高度天然合成，是对理论和现实环境融会贯通后的大胆尝试。尽管从选址上看，平遥城与周边相邻县的城池有不少相似之处，但其前世今生不同凡响，选址有着内在的玄妙。平遥城的选址、整座城市的方位朝向以及偏东南角度的确定都给我们留下了不少值得思考和研究的内容。遗憾的是，我们只能运用常识性的建城选址理论和风水格局原理去表面地、僵化地解读，如果能有专业的学者从更大的视角科学地、系统地对平遥城的选址建设进行深入和全面的研究，相信会有很大的收获。

①平遥的"靠山"指北面的吕梁山脉，距平遥县城较远；而作为"看山"的太岳山脉，在平遥南部，距离县城较近。

②出北门为南政村，出南门为北干坑，出东门为西郭村，出西门为东达蒲。

平遥地方学者温中宝先生对平遥城的选址如是说："揭去风水术神秘玄虚的面纱，观其内核，不仅有其科学性和合理性，更可观古人宏观天下、天人合一的大眼光和大境界。应用这套风水理论为平遥选址造城，即取吕梁山脉为龙脉，太岳山脉为案山，汾河为主水脉，汾河谷地则为正穴。平遥城立于正当中，也就成为全平遥、进而晋中、进而山西、进而华北地区、进而黄河流域、进而天下之中心——至少，在古人的观念里，就是这么认为的，愿意认为就是这样的。"①

① 摘自 2005 年平遥县古城旅游经济发展研究所所刊（第一辑）温中宝的文章《古城溯本》。

三、成长路上的磨难

平遥、平遥城在其成长的过程中经历过诸多苦难，平遥民间的老人认为，这是大胆选址布置的应有之义，也是其担当大任之前的意志磨砺，这些磨难是其日后成长壮大过程中的"长肩肩"②。"贵人磨难多"是平遥人的普遍共识，他们对赋予其生命的城市的成长，也是这样理解的。

② 方言，指儿童成长过程中常见的小病小灾。

平遥城在历史上经历的天灾及人祸应该为数不少，但志书上记载得非常有限。北宋末的靖康金人屠城之难、元大德七年（1303 年）的地震，以及光绪三至四年（1877—1878 年）的大旱在平遥城的历史上算是比较大的灾难。这几次灾难给平遥城池和乡村带来了全域性的破坏，也给人们留下了灾难性的记忆，以至于千百年之后，人们还在口耳相传。

靖康之难到明洪武的 200 多年间找不到关于城墙、城池修复及各类活动的记载，我们无法推测大难之后人们的生产生活状态。同时我们无法想象和体会灾难之后，人们是如何恢复生产和城镇秩序的。按常规理解，这一过程应该是缓慢且艰难的。但有研究认为，这段时间平遥的经济发展却比较快速。金代遗构文庙大成殿、元代清虚观龙虎殿这类建筑的规制和档次都可见证那段时间人们对文化的重视及经济的发达。

也许是因为有比较发达的经济基础，平遥城能在原来"狭小"的基础上，在地震毁城的半个多世纪后，于明洪武三年（1370年）得以扩建、重建，加固城墙，修建民房，奠定了留存于当代的平遥城的空间基础。这次平遥县城的扩建当然是在前人选址建设的基础上进行的，由于战争和自然灾害的原因，比较早期的设施遗存较少。现在大家所能看到的物质遗产大多形成于明、清两代，并以清代遗存居多，尤其是商业店铺和民居，清代的遗存更为普遍。

平遥城池除了有超乎寻常的选址外，具体营造过程中的技术处理也是技艺超凡。城南的中都河玉带般地佩在城池腰间，使平遥这座民间县城充满了贵气。中都河与龟首南门两侧的南城墙蜿蜒曲折，墙因河而弯，城因有河而灵动，城池完美地迎合了"龟前戏水，山水朝阳"的吉祥寓意。

平遥所经历的灾难，其实是全域性的，是这些大灾难促使了乡村的恢复及重建。基于先祖的厚植，淳朴、勤劳、乐观的平遥人民在各种磨难中不断重建家园的无数动人事迹时时给我们以温暖与鼓励。很多家族从大地震中走出来，经过不懈地努力和奋斗逐步繁荣为大族，带动了平遥城乡的发展。

四、神话传说的哲学

平遥城除了选址上的融会贯通、营建上的巧妙构建之外，还有很多与城池相关联的神话故事，它们给古城增添了几分玄妙的色彩。这些看似玄妙的故事或许有些迷信色彩，但是，理性去分析和研究这些城市证物的巧妙安置，却又能寻找到一种天人合一、相生相伴的传统生长理论，它们表达着城市设计者、营造者的良苦用心和过人智慧，以及使城池金汤永固的美好祝愿。

城池中央的金井市楼为整个城池的中心及制高点，《平遥县志》将其列入"八景"。市楼为一座高达 18.5 米的重檐歇山顶过街楼阁，楼下有井，言传井中水色如金，故称"金井市楼"。井内金马驹为城池之镇物，历经多次被盗未遂，故城池虽历经诸多险难，却仍然安恙云云。

光绪八年《平遥县志》中的金井市楼

市楼北街尽端是鹦哥巷。传说在此巷中曾有一石碾置于一角，常有路人于此僻静处撒尿，日久尿蚀水浸却滋养了一只鹦哥，此巷因此而得名。由于南方人欲购石碾，让近邻帮助照看，近邻不知内情而将石碾挪于院内，路人无处撒尿而致神鸟消失。石、鸟、水寓意着天然生态，神鸟的消失喻示的是生态的消失，以致后来县城缺水。此乃民间传言，姑妄听之。

城内类似神话传说还有不少。例如，吕洞宾在清虚观落脚，点化凡人并留题刻，便有"清虚仙迹"之说；因贺兰仙姑经过而得名的"贺兰仙桥"；凤凰于城西门内一土岗停留而有"凤鸟栖台"；等等。它们均成为一方胜境。平遥城内关于石、鸟、水的传说故事折射出先人对自然的敬畏，建造年代较早的文庙大成殿同样也有神奇的传说，如枸杞木作梁、木渣作柱等，不一而足。试想，矮灌木枸杞能长成大材而作栋梁，不正是在表达历史悠久和生态良好吗？这样的传说自然是对平遥区域自然环境良好的最佳注解，细想似乎还有励志的含义，鼓励小人物立大志、成大事，迎合文庙主题功能的意味很明显。如果按五行平衡思想去臆解这些别有深意的传说的话，显然还缺"火"的故事。平遥城内东北方的火神庙的出现便是完美的补充。睿智的设计者和建造者在建城中将五行平衡、相生和谐的原理运用得如此巧妙得体，真可谓民之福、城之幸。

回头看这些传说故事，它们在平遥千百年的发展历程中真起到作用了吗？难以回答。但古代人的平衡思想却表现得非常到位。这些长期以来被倡导的人与自然和谐相处之道，是哲学，也是一种理念和追求。古代的先贤们把这种哲学、理念用深邃而又浅显易懂的方式向社会传播，向世人传达，以求天人合一的哲学思想在自然与现实中长期存在，使其在岁月的打磨中成为一个区域的历史积累，通过文化传承而植入人心。其实，在封建社会任何地方选址营建城池，都会将这种思想融入其中，选址落笔和日常营建的主持者和主导者对自然的把握和对文化的理解消化能力有差异，从而形成不同的城市面貌。在千百年后，这种观念在哪个地区的人们心中植根得愈深，物质空间得到更有效的传承，哪个地区便有了别的地方无法比拟的天然优势，有了长久发展的资源和资本。

从平遥城看到的事实就是，神话故事中的承载物大部分得到了留存，平遥城千年之后的风光让别人无比羡慕。对平遥无比热爱和情感深厚的老者、智者都毫不怀疑地认为，这些美好的故事及物证冥冥之中始终帮着平遥、护着平遥，也让平遥的后人以及对平遥有兴趣的研究者，对平遥城营造者、奠基者把哲学思想和现实操作高度融合的能力肃然起敬。

五、与城同在的先贤

平遥城的奠基者、布局者以及神话的设计者到目前没有线索可寻，也许随着平遥文化研究的深入能有所发现。其实，找到、找不到并不是问题的关键，重要的应该是我们如何更深刻地领悟这座城市所蕴含的深刻的文化及哲学思想，对其建城理念及操作技巧能够有所研究，从而使其得到弘扬。平遥城的奠基者、布局者、营造者，他们应该是一批人，甚至是数代人，他们其实是中华文化的化身，他们承载和完成的使命应该是博大精深的中华文化的传播和传承。我们致敬和缅怀他们最好的方式就是从他们手中接过传承优秀传统文化的接力棒，尽己之力，努力传承。

格局之法

　　任何一座历史城市或城镇，承载的必然是曾经复杂的、多元的社会系统。一般认为，解读一座城镇或城市最有效、最科学的方法就是先了解和品读它的文化和社会系统。千年之后，传统的城市空间、建筑街巷仍然能够留存于世，一定是特有的文化系统在支撑着这座城市的生命，如果保护利用得当，它会走得很远。

　　如果我们把城市当作一个生命有机体去思考，平遥城天人合一的布局中所蕴含的平衡哲学思想，则是这座城市的精神支撑和文化精髓；在这样的文化意念支配下的街巷格局毫无疑问是城市生命系统的骨骼，也是文化构架；各类公共建筑则是这个有机体的器官，当然也是文化元素；民居店铺等就是肌肉，也是联系骨骼、器官，使之成为有机整体的蛋白质和营养液。所以，要解读或解剖平遥县城，我们毫无疑问该从骨骼开始并逐步深入。

一、文化的布局

　　有研究认为，现址平遥县城的完整街巷设计布置最晚形成于隋唐时期，街巷格局规整对称，脱胎于里坊制几何图形式的城市布局。县城中这样严谨的对称格局，是城市设计营造过程中封建礼制秩序思想"尊卑伦理，上下之序"在街巷布置中的具体体现。

明初扩城以前的平遥县城，一条南北大街和三条东西向大街使整座县城形成一个"王"字形的街巷框架，该框架一直沿用保存至今。在这个大框架下，城市各项政权机构及意识形态场所按其职能、级别，依据风水、五行原理和礼制等进行排布。城内其他平行于纵向及横向的四至五条小街巷大体源于隋唐时的营建秩序。随着城市的发展及社会管理的需要，在横向的其他街巷也布置有寺庙或其他公共设施等。这就形成了一个经典的文化内容和秩序完整的城市空间格局，经过千年沉淀，于明代基本定型。在清代全国不到 2 000 座县城中，更加完善的平遥县城，由于其文化布局的完整性、礼制的唯一性及功能的全面性，成为城市营建中体现礼制和规制内容的典范。

具体安排上，根据由南往北依次布置的三条东西向主街，营建者把城池分为前、中、后三个区域，分别布置主要政权机构及意识形态场所：前区布置有文庙、武庙，中区布置有城隍庙、衙门，后区布置有道观、佛寺。这些机构和场所以南北向街道为轴线对称设置。例如，将象征人神共治封建执政理念的阴、阳两司置于中区左右分列，非常合乎礼制。这样的安排在一般县城中罕见。又如，将文庙（儒）、集福寺（释）、清虚观（道）及宣扬忠义的关圣武庙，围绕执政机构，沿前、后两区的东西向主街对称布置于城市四角，这完全打破了衙门设于城市中心、体现精神至高及绝对权威的常规格局，体现出平衡制权、人神共治，儒、释、道、义围绕驻场，在自然中寻求平衡的哲学思想观念。平遥城在实际的城市布

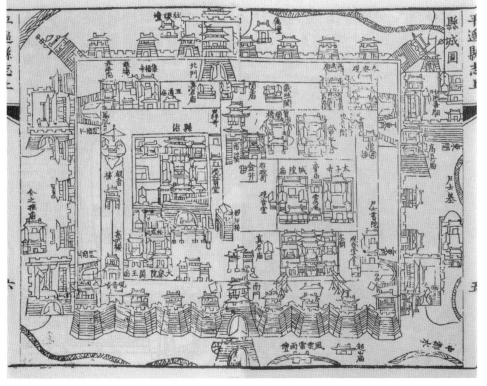

明万历《平遥县志》（影印本）县城图

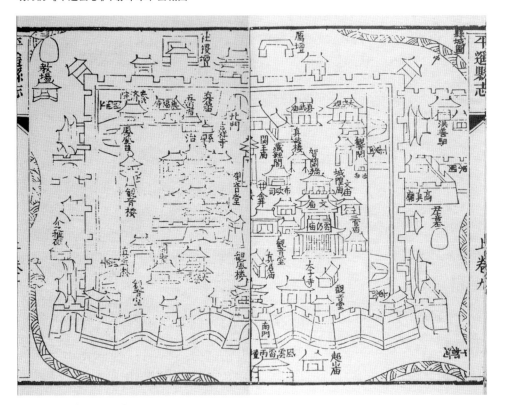

康熙十二年《平遥县志》（影印本）县城图

康熙四十六年《平遥县志》(影印本)县城图

局建设中把文化内容、执政理念和哲学思想做了具体空间落实。尽管将城市中心轴线留给商业市场的城市布局手法,在封建社会其他城镇的布局设计中也有应用,但上述机构或场所的布置方法,平遥却是唯一。

这种多种意识形态并存、尊重各种文化系统的存在,环绕全城进行的巧妙、精致的序列安排,通过实物场所所做的有效表述,是平遥城的一大特色。据统计,明清时期,城内宣扬各种文化观念的寺庙观阁等仍有数十处①,而且均不失文化秩序,按照道德伦理、五行格局、礼制要求各自归位。各种文化在相关秩序之下同处一城,多元文化长久地互相交融渗透,造就了全城独特的文化气场,让后人叹为观止。这种格局通常被人们以"左祖右社""左文右武"等语言形象概括。

① 《平遥古城志》(中华书局,2002年)第82页。

二、文化的意象

稍微进一步分析，这样明显有章法的城镇格局，其实表达的是一个地方在对各种文化兼容并蓄之后，结合当地具体情况而综合得出的平衡发展观。将这种发展观依托城市的实物空间载体在社会中进行公开宣扬，是为了实现对群众的长期影响，是实现以物寄情、以物寄文、以物传达执政思想和对社会实行治理方针的传统手法。这种文化布局在某种意义上，与各种神话传说表达的阴阳五行共生相生的意象互为表里，异曲同工，都在追求天人合一。五行相生相克更侧重强调对自然的敬畏和对资源的科学利用，而这种人神共治，儒、释、道、义等的实体布置和所承载的内容，体现的则是对各种文化、各种意识形态的包容和尊重，彰显着集百家之长、为我所用的执政观。

尊重自然、敬畏自然、人神共治以及对各种文化及理念的吸收，使各种文化体系在执政理念和措施的管控之下互相渗透、互相影响、互相作用的结果孕育出适合这个地方管理和发展的地方文化种类，并作用于这个地方的社会机体，形成有所作为的地方发展之路。能造就出这样的地方文化种类的管理者一定具有相当的底蕴和德行，他们向社会传播文化、健全文化，并在此基础上制定政策、办好教育、教化民众、营造良好的社会环境。这是几代、几十代人为之努力的结果。以"太上，下知有之"的意象理念去管理社会，这种"无为"也许是最大的"有为"。

纵观平遥明清时期的繁盛，显然可以看出地域地脉所承载的执政理念的力量决定着一邑如何走向未来，以及走向什么样的未来。科学认为，人的行为不仅受利益的支配，还受理念的支配。其实城市也一样，如果理念没有建立，没有加以长期巩固和传播，没有随着时代和社会的进步、变迁而不断完善和调整，没有制定和实施相应的发展策略，那么一个地方的发展和进步几乎是不可想象的。一个地域、一座城市形成的总体环境，是在一定理念支配下的社会管理、文化生成、信仰传播和生产发展的合成，这必定是历代无数先贤的思考与实践的集成，并在现实社会中不断提升的结果。社会不会思考，只有人才会思考。或者说，社会的思考是需要在人的带动下完成的，而人的思考力又是在特定的社会阶段，由具有综合实践能力的人群积累形成的。这种思考力的基础性内容应该具有包容和消化各种文化并为我所用的能力。

人与自然的和谐，归根结底是多种文化与流派并存、兼容并蓄、敬畏自然的文化发展之路，是地方发展理念及社会治理方式的思想根源。将这些思想有效地建立在城市的街巷格局与文化场所上，对于一个地方来讲，历史地去分析，无疑是先进的、合理的，而且其科学性也是长久的。

平遥县城这样先进的城市形态的形成，需要设计者、建造者具备对中国传统文化的深刻领悟和消化能力，以及能够形成具有地方特色的文化布局的智慧。我们现在无法知道平遥建城之始的布局工作是如何展开的，或许与众多县城一样，有事前的总体设计，或许是发展过程中各种积极因素和有利条件综合叠加的历史巧合。平遥作为一座极为普通的县城，其布局是在一定章法之下的巧合似乎更为真实。当然，如果在某地成长过程中，很多先进的因素和机遇不能被历代的主政者在吸收消化的基础上有效地传承与弘扬，只凭一时一事的巧合，从道理上讲，该地是难以成长为一个系统合理且具有较强文化竞争力的历史城镇的。

按照上述认识或推理，平遥县城不仅仅是一个巧合，更是幸运地被无数代城市主政者实现了对合理的、先进的城市空间和文化布局的深化和传承，承接了众多积极因素和条件的叠加，逐渐完善成长为一个文化意象丰富而且持续保存的城市。各种人为和天然的文化意象互相作用、互相促进，千百年后，平遥城一枝独秀地傲立于中华大地。

三、文化的力量

从城市空间角度研究传统城市时，一般会先讲到城市的街巷格局。支撑各种街巷格局的必然是功能，而功能布置的背后一定是文化原理、生活原理、道德伦理、设计者或主政者的执政理念。城市的设计者以及城市管理的主导者在追求什么样的城市价值、为城市的未来输送什么样的社会价值和文化结构均会在城市格局和功能空间的安排上有所体现。当然，在满足时代文化、理念和不同社会阶段需求的情况下，必然会有对诸多现实内容的考虑。平遥城的营建格局除了文化的系统性和对多元文化的包容之外，在生产的便利和生活的宜居方面，也值得当代人学习和借鉴。平遥城可以说是文化内容与生活和生产的统一有机体。

城市必然是一个综合的社会经济场所，是各类经济活动、经济形式的发生地、裂变地和孵化地，当然也是地方文化的生发地，即使在封建社会也是如此，只是发展缓慢而已。经济活动是一座城市的血液系统，是这座城市健康与否或生命力强盛与否的表征。平遥城在以下三个方面表现优秀而且内涵深刻。

第一，在封建社会士农工商社会价值观的影响下，把城的中央位置留给商业市场的布局实属少见。此外，各地城市中心的楼阁一般取名鼓楼并作为城市的标志，楼下一般有十字街穿越，平遥城中心楼下不但没有十字街，还将楼阁定名"市楼"。楼上供奉关圣，并结合"五行"的神话传说，求财的意愿直接而坦率。楼下水井水色如金，故起名"金井"，井内驻有金马、金车。中央戊己土，土生金的含义与设置市楼供奉关圣求财的愿望结合到了令人拍案的境界。按此说来，平遥明清时期商业高度繁荣，成为全国金融中心，是否与这个始建年代不详、清康熙时重建的楼阁式建筑有紧密的联系？这种在城市中心聚集市井繁华（而非十字街穿越）并形成市场的布局为平遥仅有，此乃平遥城对称布局之外另一个值得人们研究和思考的特色。用现代语言或思维理解的话，无论是从传统相生相克的文化原理，还是从城市中心位置的礼让上来看，平遥城在利用城市格局推动经济发展方面做出了非常大的努力。

第二，在现实发展方面，平遥值得人们研究和思考的是其城市用地规模。明朝初年，平遥全县人口 11 万人有余；到万历年末，由于战争或其他原因，全县剩 8.4 万余人。按明初人口推算，平遥城内人口最大极限应该不超过万余人。尽管志书中描述旧城"狭小"，平遥县城的面积也大约有周围县城面积的 2 倍之多。明初扩城之后，平遥县城面积竟然为祁县、介休等县城面积的 3～4 倍。这么大的县城面积，超过山西一般州府城的面积，留足了发展空间，不论是战时还是平时，城内留有的可耕种土地面积可以抵挡一般的围城或天灾。如此分析，明初平遥扩城的最初动议也许更多的是出于军事防御的考虑。这也让平遥之后如果人口增加，可以不用再扩城来进行生产和生活的安置，省去了诸多县城预留面积有限、人口稍有增加便需四面设置关城的麻烦，避免了许多城墙、城池建设费用，且减小了赋税负担。

清康乾期间人口剧增，这一时期也是诸多县城增设关城的高峰期。而在明初扩建的平遥县城，直至二十世纪七八十年代，居民的生产、生活都可以得到满足。直到二十世纪八九十年代，在城内批准的农民建房户至少有几百户之多，基本满足了人口剧增的需要；而且城内除了居住用地之外，占地在几十亩至上百亩的工厂也有四五处。也就是说，明初扩大后的县城的空间面积能够满足二十世纪八九十年代的居住和部分工业发展需要，故而城外一直没有太多建设。这大大地压缩了城市建设管理和居民日常生活的成本，如果用现代语言表达的话，叫作"宜居性很强"。平遥城除明中后期因为商贸而非居住的需求在下东门外建有关城外，直至民国二十年（1931 年）前后同蒲铁路和太三公路兴建，才在火车站附近出现极其少量的服务设施建设。

从精神层面分析，这种稳定的县城空间结构其实有意无意中强化了平遥人心中"城"的意识，尊重了"城"的生活惯性，增强了城墙存在的神圣感。由于世代在城墙内居住、生活、繁衍，人们习惯认为城墙内才是生活家园，对城墙的依赖感与归属感深入人心。城墙似院墙般护着家园的现实存在，无形中培养了平遥人对文化古迹的敬畏感和爱护心。由于这种情怀久驻人心，且代代传承，平遥人建立了城墙、房屋、寺庙等是集体财富的公共意识。这种意识的核心是保护好了这些财富，便保护好了人们的生活环境。这种公共意识植根于每个人的心底，尽管随着社会的变迁、岁月的更迭，时有增减，但总体还是得到了传承。所以，这种集体意识应该是平遥城在历史的沧桑巨变中能够完整保存的精神力量所在。另外，封建社会还有一种藏在人心底，不被人时常提起的普遍社会认识，那就是住在城内的居民有种正统的优越感，故在日常生活中会有意无意中流露出对城外居住者的心理鄙视，无形中形成社会阶层，造成社会隐患。但平遥关城人口很少，所以这种隐患相对不大。

第三，从城市生长的生产、生活性动力视角分析，平遥城内公共建筑和文化设施的分散式布点，客观上形成了城市的多中心、小组团均衡式发展态势。城市发展的平衡性主要体现在是以每个公共设施或政权机构来带动周边的居住业、服务业发展的。若干个围绕公共建筑或政权机构衍生的具有居住功能、服务功能的小组团进行组合，形成平遥城的生长机制，这种围绕多个主题功能而自然带动式展开生产、生活的城市发展模式可谓经久不衰，在当今的规划理论和实践中，非常值得被推广和借鉴。

这种由某个市场内容、文化建筑或政权机构而衍生出的生产和生活关联度高的城市生存状态在发展过程中始终有功能和文化的伴随。不管时代如何变化，人们出于对生活的依赖，自然会对赖以生产、生活的场所给予发自内心的尊重和保护，这种思维逐步演化为一种精神而代代传承。尽管历经岁月沧桑，但由于这种精神的存在，历史遗存在无形中得到保存，并成为新时代城市发展的资源和资产，从而给当代城市人带来福祉。总之，文化的力量会使城市走得更远。

明朝初年，平遥的商业经济和人口规模应该是不支持其将县城规模进行较大扩张的，我们现在无法知道当时的决策者是基于什么原因和动力，在经济基础及其他条件均不完全到位的情况下，提出了扩城主张并组织实施。回顾平遥发展的历程，将初建于唐代的集福寺纳入扩城后的城内文化设施和城市的对称布局，奠定了平遥文化类别和文化场所的系统平衡。如果这是当初扩城的原因的话，我们会更加强烈地感受到文化的力量总是可以得到历史的检验和回馈的。

城墙之变

古代建城，城与池共同组成一座城城防设施的最基本单元。现在的平遥城墙，或修或建，都是延续明代的规模和格局。"高筑墙，广积粮，缓称王"为明朝的方针，明朝开国皇帝深受其益，故而明朝一建立便迅速诏令全国加固并扩建城墙。

一、军事防御意义之下的城墙

严加防范劲敌的有效办法之一，当然是大小城隍的加固扩建。平遥城地处北方与中原冲突融合的前沿，扩建加固自然是首要之事。平遥城墙的扩建加固开始于明洪武三年（1370 年），县志记载"旧城狭小"，故而不仅对城墙进行了维修加固，北面、西面城墙还大幅度外扩，极大地扩展了城市建设空间。文献只记载了城墙工程的开工时间，也许由于城墙一直在不断完善之中，故没有关于竣工的时间记载。细想在当时的条件下，对于一座县城而言，似乎也没有记述一个军事防御思维下的工程竣工时间的必要。

由于技术、材料、资金等的限制，当时扩建加固城墙均采用夯土技术。尽管当时夯土技术已非常成熟，丝毫不用怀疑工程质量，但是作为军事防御设施，土墙的返修率应该很高，再加上平遥当时的降雨量远远大于现在，我们就不难理解志书中关于第二次修缮城墙的记述："景泰初①，知县萧重修。"这次重修与洪武三年已相隔 80 年之久。文献记载，在明清两朝 26 次关于城墙的维修记录中，只有明朝这次用了"重修"两个字。这样的表述也许有邀功、夸张之嫌，但我们也可以做个分析，夯土墙如果没有得到持续维修，在近一个世纪的风雨剥蚀中变化应该是较大的，"重修"也未必不是事实。

文献中第三次关于城墙的维修记录便是明正德四年（1509 年），"知县田登修下东门瓮城，又筑附郭关城一面"②，与上次维修又相隔半个世纪之久。记录的内容为修瓮城并筑关城，这时距明朝建立已 141 年之久，对于明朝来讲已过半。这次的记载已经使人明显感觉到商贸发达带动了城市的扩张。尽管在这个时期，社会基本稳定，商贸发展，生活安定，但"复虑守役弗堪，乃编集守城夫役几三千人，简统帅，定纪律，各备戎服、器械，迄农少隙，五日教场一操，教以兵家纪律之法，分布城上城下，司火炮、金枪并弓矢、刀斧者各若干，司巡逻、策应者各若干，十人一爨，薪米器用皆豫取足，县衙自立陶冶，置造大小火器几万件余，火药、火弹几万袋余，与夫应用之术，皆出于侯之胜算、明目验试者也"②。很明显，到了明中期，城墙的军事防御功能丝毫未减。

综合明朝关于城墙的 11 次扩建、维修记载可以看出，平遥城墙的建设、完善、维修、补充几乎贯穿了明朝 276 年中约 81% 的时间。到万历二十二年（1594 年），明朝关于城墙维修的记载结束，记载横跨 224 年，城墙、台楼、瓮城及六门吊桥等基本齐备，并"皆以砖石，自是金汤巩固，保障万年矣"，且"金夫防守各垛口，设团总官四员督之，其衣装、盔甲、火器、火药、铅子、弓弩之类，无不备具"①，至此，目前我们看到的城墙规制和规模基本形成。对于城墙的持续不断完善和维修几乎贯穿了明朝一代。

① 光绪八年《平遥县志》卷二《建置志·城池》。

城墙的持续维修及不断完善，是明朝国家安全战略在地方的具体体现。平遥地处防范北方敌人的城池体系之列，对于城墙防御功能的重视自然非同一般。平遥城墙得到的维护、功能的不断完善及质量的不断提高也折射出平遥经济的持续向好。随着北方商贸的频繁，社会相对安定，城墙这一军事设施除了防御的基本功能外，其城市治安功能也得到了不断增强。

二、治安保障意义之下的城墙

随着朝代的更迭，作为明朝国之重器的长城及各地的城墙的军事防御功能逐渐弱化，治安功能越发明显。城墙在日常生活中给予居民的安全感早已超过其实际的防御功能，所以城墙的存在和完好应该已成为当地居民的共同诉求。

一般来讲，新王朝在建立之初对防御设施的加强和巩固应该是常态化的，但是清朝似乎是个例外。以平遥城墙为例，明朝关于城墙维修的最后一次记载是万历二十二年（1594年），直到90年之后，即清军入关40年后的康熙二十三年（1684年）才有了"因霪雨损坏，知县奉天黄汝钰捐俸补修"之记录。有趣的是，之后仅康熙时期有记载的城墙维修就有11次之多，占清朝15次城墙维修记载的绝大部分，不过都是小修小补，从记载上看甚至有作秀嫌疑。例如，康熙四十二年（1703 年），"皇上西巡大驾经过，建修四面大城楼"；康熙四十五年（1706 年），"沿城植槐柳"。清朝开始维修城墙的时间较晚也许是因为明朝留下的城墙坚固、比较完好，同时国家战略的调整、城墙防御功能的弱化应该也是重要因素。战事消失、军事安定，但人们出于治安需要，对它的依赖增强，城墙慢慢附着了一层文化情怀、精神意义及具体的城市功能。所以对它的一切维修活动便从国家安全角度，更多地调整到民众的安全需求和社会的治安需求的角度，并且由国家经费主导逐步转向以民间资金为主。知县大人"捐俸补修"便是很好的榜样。

城墙的防御功能弱化之后，维修间隔越拉越长。康熙四十五年（1706 年）对城墙进行维修之后，居然隔了 144 年才为"预防发逆"而于道光三十年（1850 年）邀董事诸绅捐资重修。关于这次城墙维修，《平遥县志·城池续编》记载如下："县城自康熙四十五年增修补筑后，百数十年来未经修理，以致墙垣坍塌，敌楼倾圮，濠桥填塞，几无影无形。"

《平遥县修城开濠记》载："道光己酉秋，巨盗数十人夜劫多家，逾南城而去。"另有《平遥县筑城开河记》载："兰膏熄处，捣开白版七八家；松火明时，搜得朱提几千两。时道光二十九年九月二十五日夜也。"其实这次盗抢事件才是此次维修城墙的最大动力。"预防发逆"也许是报告上级长官的程序性行为，或修志者的推理。这次城墙维修"是役也，经始于咸丰元年①春，告竣于六年冬，官经四任，序易六年，工料之费十二万缗有余"②。工程内容全面完整："首南门，是门濒临河滨，地势洼下，乃因旧基而增仞尺；次西门、东门、北门，次第撤建。外城之坍塌者，悉易新砖而包砌之；里城

① 咸丰元年，即 1851 年。
② 出自《平遥县筑城开河记》。

则益土而补筑之；四隅敌楼，则较旧制而高广之；其余则照旧数而重建之。周城开濠立闸，砌石桥七道，引河水注之；沿濠多栽杨柳，以培生气。"①出自《平遥县筑城开河记》。这么大的工程，这么多的投资，历时6年，别说在当时，即便在当下也实属不易。

难怪当时组织者候选知县冀唐封深有感慨地在《平遥县修城开濠记》中说："吾尝谓大工大役之兴，有数存焉。前十年而为之，不能也，后五年而为之，不能也；无刘公之倡义，士大夫之急公，亦不能也。盖道光末年，遥邑富庶为盛，故易举耳，而吾因之有感矣。"这次城墙的修缮彻底奠定了当今城墙主体的基础，真可谓万世之功。也许有一种超自然的精神力量在发挥着作用，要为平遥留下什么，这次规模空前的城墙维修的历史意义已经完全超出城墙墙体本身。这在当

20 世纪 50 年代的北城墙东段
（中国建筑设计研究院建筑历史研究所提供。）

时应该也算是官民合作护城的典范，故而居然有两篇宏文记述这次城墙维修。《平遥县修城开濠记》和《平遥县筑城开河记》均对倡议人时任知县刘叙给予了高度评价，对工程期内其他三位继任知县也多有褒奖，实属难得。

道光三十年（1850年）之后，志书记录的平遥城墙修缮还有3次，分别为同治六年（1867年）、同治十二年（1873年）和光绪六年（1880年），3次维修的内容基本上为疏浚城濠，均未有对墙体本身的维修记载，显然都是出于城市出水之需。之后一直到1980年没有官方记录。

郭诚先生《古城说古》提及："七七事变前，平遥城墙随时修补。修补费专款专用，不准挪作别用。管理人员是南城的冀桂攀，认真负责，城墙上常是完整平坦。自行车在上面行驶，就如上了公路一般。"

三、精神意念之下的城墙

纵观平遥城墙的兴废起落，有格局、有境界的历任地方主政者可谓功莫大焉，"城之颓，官之恧也"。在中国传统社会中，城墙其实是一个地方兴盛与衰落的直接物证，也是地方主政者与一邑士民的脸面。同时，城池完好地存在会给当地人民以精神层面的坚实支撑和心灵归属，给他们提供集体的心灵保障。在日常生活中，城墙的完好会给一方民众天然的安全感，好似在儿童心里，父母就是天然的靠山，这已经成为下意识的存在。强大的安全感会给城市民众以自信和从容，并逐渐形成一个地方的精神内核，形成健康的城市性格，从而孕育社会、经济、文化发展的和谐氛围。

城市性格的内核是由这种和谐心理升华而来的，就传统的平遥而言，其内核是由历代仕宦和乡贤持续相互作用的一种社会环境。这种社会环境会给人们一种认知，即不管社会如何变化，平遥人对城墙的爱护始终如初，只要有条件，便全面、全民护墙，当仁不让。

清朝中后期以后，除了一般社会治安防御的需求外，修缮城墙的意义在于不断增加文化情怀，实际上是为了体现人文社会的思想理念和精神追求，也是大多数人集体文化意志的体现。物质空间除了空间本身容纳物质元素并维持物质元素平衡外，也是精神寄托的场所，是民众人心相连的桥梁和载体。城墙在，城就安，家就宁，这种思想深深渗透到了已经富起来的平遥人的心中。这种集体荣辱观在平遥城的历史中持久而深沉，这就是一种特定的社会环境之下的区域文化现象。他们把城墙这座千年载体从心理上演化为一种精神道场。城墙上，瓮城内，均添建了与防御没有关联的寺庙及楼阁，如文昌阁、魁星楼、关帝庙、财神庙、真武庙等，而且有具体活动以求神明保佑。

四、士绅情怀之下的城墙

这种区域文化现象的支撑是区域社会环境，这种和谐的社会环境，通过一次次、一件件公益、公共事业的组织实施，使单纯的平遥商人修炼成长为具有高度社会责任感和家国情怀的真正绅士。单从道光三十年（1850 年）城墙修缮一事便可见一斑，资金全部来自民间，多达 12 万贯铜钱，换算成现在的货币可谓巨款。捐款的士人及商号计 500 人（户）之众，可谓全民动员。组织实施中有"总理城工纠首""四城管理工程纠首""管理城工总局账簿"等机构及人员配备,组织架构严谨,纠首人员全面,组织者全部为志愿者,大家无偿付出,而且这不是短时之役,工程持续 6 年之久。据记载,工程结束后,还留有一定的日常维修材料甚至场地,并建立了维修机制,城墙的日常养护科学且可持续。

这样的事迹不得不让我们对这些先贤肃然起敬。他们把一邑之安宁繁荣和自身兴旺、安危及荣耀紧紧地联系在一起。他们的这种家国情怀、社会责任担当由于维修机制的持续存在具有了可传承性,这使得平遥士绅在家园的维护及发展中磨炼出了平遥人特有的开放、团结、协作精神,这种精神最后内化为平遥商人、平遥士绅的共同价值观,以致平遥人在明清时期走出了一条特别的发展之路,给后来者留下了无数值得研究的课题。

风气之事

　　一个地域的社会风气，理论上讲与教育和教化关系紧密。在封建社会，各地教育和教化所用的手段内容是相通的，但是各地在长久的社会运行中却出现了迥然不同的社会风气，这与地域背景、文化属性及生活状态息息相关。一般来讲，会有一些特定机缘造就一地之风气。当然，风气的形成也是一个在全社会文化认同下的地域现象。

一、风气之源，教育教化

　　教育和教化是社会进步的桥梁和纽带，也是社会管理者对社会实施管理的重要工具和措施。教育和教化的途径及对象虽然都是社会中的自然人，但在实施的技术方法及预期达到的效果上还是有所不同的。

　　粗浅地理解，教育是面对具体的接受对象，用灌输的方式把将要让对象接受的知识技能和思想理念直接传达给对方。教育是阶段性的，教化却是伴随人生全程的。教育有具体的对象，故内容也相对有独立性，可以是一项、一件或一个专业领域的，更多带有技能的意味，所以就不太能形成比较大的社会现象。相对教化来讲，教育的社会性和渗透力则比较有限。

教化通常采用渗透、影响、劝导的方式，使人觉悟从而达到目的。教化一般不用空洞的说辞，往往将所要倡导和宣扬的价值观依托道德模范、精神领袖、行业翘楚以及他们的故事，用造像、画像或其他方式予以表达并与社会对话，把诸多的故事内容仪式化、通俗化地融入人们的日常生活中。教化常常在不同时间、不同地点不断重复，以达到强化效果的作用。在传统的教化方式中，还会将一部分价值理念，以社会喜闻乐见的方式，比如戏曲、书场及生活礼仪、礼节等，在社会的各种场合中反复扩散；官方甚至还以旌表的方式来鼓励、激励，影响或左右人们的思想和行为。

由于形成了社会氛围，教化的作用力存在于社会各个领域的方方面面和生活的点点滴滴之中，无处不在，其影响力、作用力恒久，具有不分时空的穿透力。教化会形成社会共识，这些共识最终会成为社会人的基本行为准则和道德规范的组成内容。

由于教育和教化都是社会管理者作用在社会及社会中具体人群的技术措施，而且目的又能互为补充，故而教育和教化能在一定程度上相互推进、相互支撑。它们作用于社会肌体，由单一而变得多元，但又不失严谨，带领社会由落后走向进步。教育和教化是社会文明进步的助推器，也是生发源，是人类社会文明进步的源流。它们会依据社会管理者的选择，在一个地域各个阶段的社会组织和个人之中长期实施，以满足社会管理者对社会设计的要求。

二、教化"欠缺"，教育"不足"

教育和教化是封建社会（州）县官除司法和税赋两大职能之外的重要职责之一。总体上说，教育更多地侧重于人的知识和能力的传授，教化则更倾向于建立人的行为构架。按当时的社会标准来看，平遥的教育和教化的内容和方法大体和其他地方一致，但从成绩方面而言，平遥可能教育"不算成功"，教化"欠缺不少"。

（一）奢侈的婚丧风俗

关于教化，明清时期的平遥，应该还算是比较努力的，树立的孝行、义行、勇敢等"标兵"人物在文献中均有记载，并不落后于周边。

欠缺的是，婚丧之事中的奢侈之风让历任知县备感焦虑。平遥明清两朝志书中对风俗的记载均有令人费解的描述。"简朴，独婚丧二事尚奢"，"勤俭，质朴……婚丧尤奢"。简朴、勤俭、质朴，却唯独婚丧二事奢，并且"相竞成风"，当时的知县认为"如此恶俗，严加申饬"。从明代万历年间的志书中可以得知，在当时就组织了以知县挂帅的"崇俭会""昭明禁约"。这个县令挂帅的"崇俭会"在明万历二十三年（1595 年）便有。从记载看，当时官府可谓下了决心对此风俗进行严加管理，并且"庶俗可还醇而民趋朴茂矣"，看似还算整治得比较有成效。但有趣的是，清康熙四十五年（1706 年）的志书中却还有"虽唐尧遗墟，并婚丧尤奢，尚望当事者抑焉"的无奈文字。此种记录在光绪初年的志书中仍可见，看来平遥婚丧二事奢侈之风由来已久，且一直持续，从未间断。

说到婚丧二俗，平遥与周边县相比确实讲究排场。当和研究风俗的有关人士聊起此事时，我就会在脑海中想象、还原当时的"盛景"，其程序的繁杂不由得令人感叹。时过境迁，不少传统礼俗虽几经"废弃"，但当下平遥人若按简化后的传统程式办理婚丧二事，仍然程序繁多。现在再看这些当年的民俗风情，人们会觉得千百年的传承还是"礼"所应当！只是没有必要、也不需要那样奢侈而已。

在中国社会中，结婚和去世是人生中两件重要的事情，传统社会中更是如此。一个对应父母给子女的礼物，一个对应子女对老人一生辛苦的敬重、孝敬和回报，可谓人生之轮回，代代相传。当经济发展到一定阶段时，依托文化信息产生一地习俗便是必然。

平遥此风兴起于何时？一般来讲，在生活节奏缓慢的古代，一邑之社会风气的形成不是一朝一夕的事。明万历二十二年（1594年）的知县周之度把这种婚丧之"奢"列为"如此恶俗，相竞成风"并予以教化。那么，这样的"恶俗"是不是至少在明初就已成"规模"？如果这个推理成立，那么平遥的婚丧二事在人们日常生活中受重视的风气应该由来已久，只是在明初开始逐渐增加了"奢侈"性而已。

奢侈的"婚丧"风俗对社会风气的不良影响，我们当然不能低估。有积累、家境殷实的家庭，按照体面的仪式办理婚丧二事，当然风光。但这对于经济状况较弱的家庭便是沉重负担。平遥民间有俗语"穷汉陪富汉，陪得骨头响"，富裕之家"奢侈"办事可谓"九牛一毛"，而一般家庭却是"倾其所有"，甚至举债"风光"，所以这样的风俗应予以改良。我们应尽量去粗取精，留精华、去糟粕。

（二）有文化的婚丧风俗

稍微关注一下平遥的婚丧二事之"奢"，便会发现其不是无趣的"烧钱"和简单的摆阔，而是具有一定文化支撑的完整程序。这个程序将人文、伦理、社会道义、价值取向等在各个环节表现得淋漓尽致。一些研究表明，平遥婚丧之俗的内容不少都出自中华文明早期的"礼""乐"等悠久文化。礼俗中将孝悌等儒家思想巧妙体现在婚丧二事的程序之中，非常完整地植根于平常人的生活。究其原因，除了时间的沉淀、资金的保障和社会的接纳之外，还有严谨的文化逻辑作为支撑。经济发展和文化繁荣互为因果，相辅相成。

婚丧二事的办理过程依平遥的风俗处理，仪式、程序、文书等设计可谓环环相扣，逻辑紧密，引经据典。哲学故事、民间传统、服装道具、餐饮规格等无所不包，而且道理适中。没有相当长时间的沉淀和完善，是无法形成一整套、多版本、适用于不同家庭、不同经济状况、不同时间、不同丰俭条件的礼节程序的。每个环节、节点，都有文化渊源的支撑，这简直让人叹为观止。同时，如果没有社会发达的经济作为支撑，这种风俗也难以持续。

众所周知，文化人的造就非简单易事。仅有一代或少数有文化、会思考、善创造的文化人，也很难形成此种文化风俗。整套"奢侈"的婚丧二俗涵盖相当多的文化信息，这些信息经过设计融入仪式程序之中，这必然需要数量较多的具备相应能力的文化人，而且婚丧二俗应该是多代人在长时间实践中结合国家礼制，将社会倡导的孝悌等文化融入当地的文化形态中，逐步磨合而形成的地方礼俗定式，是集体智慧在实践中完善的成果，必然不是少数人、短时间可以完成的。

（三）相同的教育设置，不同的科举成绩

在封建社会，由于教育更便于体现地方官员的话语权，所以相对于教化，教育更加受重视。如果说教化是倡导，那么教育便是主导。

有情怀的地方官员往往自己捐款或向绅士募集资金来办学，为负担不起学费的儿童或成人提供受教育的机会，或将定期考核优秀的学生送入书院深造，以培养人才参加科考，进入乡试或会试等。科举成绩是地方官员的重要政绩，教育的设置朝廷也有定式，尽管这样，各县对教育重视的程度也不尽相同，所取得的成绩自然也有所不同。从明清两代看，平遥在科举方面的"成绩"与周边县相比，一塌糊涂得简直羞于启齿，故肯定是算"失败"。

说教育，首先得说场所，如果场所不备，则无"所"不能啊！在明清时代历届平遥知县中，不乏对教育重视且具有育人情怀的人士，他们修学举祀，认真履职。明代平遥有"卿士书院"和"超山书院"两处。清康熙四十六年（1707年）县志记载"社学，即古小学遗意，穷乡下里、民间子弟得以师以诵习，实有赖焉，合城内外，凡十所"，"义学，以恤寒士也，在县治东南，康熙二十三年，县令奉天黄汝钰捐俸创建"，此时书院为"卿士书院"和"西河书院"。而且据文献记载，义学、书院均有学田收入，用于教学师资及相关保障，并于礼房（在县衙内）备案存档，可谓运行机制健全、体系完备。西河书院"礼聘名贤，教训其中，合邑之青衿俊秀数十余人，晨夕讲诵，弦歌之声闻于户外"，一派书香之气扑面而来。

场所运行保障是教育的基础，这些内容各地也应大体类

似，属各县之常态。要说区别，只有肥瘦之分。因为在封建社会，包括明清时期，尽管县官要将社学、义学的教师和学生名单向省学政报告，但是社学、义学的管理和设立的经费全靠地方官统筹，所以一地的办学情况优劣，全靠县官的捐款及士绅的募集程度来决定。平遥的经济状况不差，特别是到了清代，不乏士绅支持，应该没有经费之忧，加之人口基数不低，生源应该也比较充足，故办学应该基本正常。

再看看一地教育兴盛与否的标志性场所——文庙。由于文庙往往与教谕、训导的办公场所关联，又是官方要求必设之场所，加之平遥经济基础强盛，因此平遥文庙宏阔壮丽、规模大、方位正，为周边各地文庙中之翘楚。

（四）文庙的趣事，科考的无奈

教育是关乎一地文脉、文运的大事，此事乃功德、善行，所以过去在平遥，不论官方还是乡绅、士人在教育上均尽力而为，各方鼎力不断，教育经费自然充裕。"邑有学宫，所以妥圣灵而崇文教，盛衰攸关，诚习风教者第一急务也。"[①]平遥文庙的选址体现出中国传统文化中东南方主文运的经典规则。在中国目前存世的古代文庙中，其规模、档次都居前列，特别是金代遗构大成殿，属国内目前存世最早的大成殿。平遥先民赋予了大成殿很励志的美好传说，庙堂建筑本身也给后人留下无限记忆，但让我们不得不思考的是，它久居巽位，"极为善地"，本应对一邑培文脉、厚地灵、壮人文、振风俗的功劳何其之大，但为何尽管有宏伟的场所、充足的经费和足够的重视，明清两代平遥科举成绩还是不理想，与周边人口和经济力量均不如平遥的县份相比，考中进士人数的差距都在数十位以上。志书中统计，平遥明代仅有进士 3 名，清

① 出自魏裔恩《迁移学宫记》。

康熙十二年《平遥县志》县城图局部
（文庙与太子寺明显错位。）

朝有进士 7 名，这样"优秀"的成绩，不光我们现代平遥人觉得脸上无光，古人也很不淡定，全县上下都在积极寻找产生这么大差距的原因。

清代初期，这个"原因"终于找到了。明崇祯九年（1636 年），知县王凝命做出一个奇葩的决定，即将太子寺与文庙进行调换，以寺为庙，以庙为寺。可笑又可恨！这导致"姑无论未改以前科第蝉联若何，既改以后人才寥落若何"。直到清康熙十四年（1675 年）知县魏裔恁才予以正本，"仍以古寺为寺，而建圣庙于旧所，阖邑称快"，"不废民间粒粟"，从此这一持续数十年的折腾终于宣告结束。"迄于今，殿庑重光，诸祠鼎建，宫墙内外焕然一新，不诚足以妥圣灵而崇文教乎！自是教化盛行，文风不变，科甲嗣徽于前代，功业昭重于简编，地灵人杰，如操券而责偿也。"

以上这些文字引自康熙十四年魏知县的《迁移学宫记》及县志中关于此事的记述。读魏知县文章可感受到他对这件奇葩事情的愤怒，觉得平遥一邑科举成绩不理想是此件事情造成的。且不说到底是不是此事造成平遥科举成绩不好，不管是在现在，还是在当时，文庙的存在，不论对于官还是对于民而言，都是非常重要的事情。文庙既是庙堂，亦是官场，沉浮总归不可避免，但平遥文庙的沉浮太过戏剧化了。

再说科举考试，事实上明代平遥科举入仕的学子就寥若晨星，清初的官绅似乎能将这一理由作为托词来安慰自己。清代平遥科举入选的人数比明代确有明显增加。这是否与"纠错"有关？不得而知。虽然清代科举考试入选人数比明代大幅增加，但鉴于官绅两界对教育的关心、投入及人口基数，同周边县份相比，平遥的成绩仍然很不理想，还是令人张不开嘴。

当时的平遥人认为，不靠谱的王知县的荒唐行为乱了一邑之文脉、气场，这个不着调的举动尽管仅持续不足 40 年，却导致平遥"教育质量"久未上扬，王知县的奇葩之举导致的文化灾难给当时各界士绅留下了挥之不去的阴影，让他们始终难以释怀。

民间传言，本邑若有状元产生，便可将大成殿后墙临摹的文天祥的"魁"字打开，虽然这一传言从未实现，但激励了平遥人时刻重视文化教育。也许在魏知县将文庙尊归圣位后的近 200 年中，平遥的科举成绩仍未达到人们心中的期望，光绪元年（1875 年），平遥官绅为了再振文运，于平遥东南超山重建了文峰塔，以解百年心结、重振文风。

三、正途"失色"，异途"出色"

在当时的社会背景下，与周边同级县份相比，平遥的教育和教化无疑有缺陷、不完美。西河书院"礼聘名贤教训其中……弦歌之声闻于户外"之盛景，其实并非常态，曾几度兴废。平遥教育一定有薄弱之处，否则，不着调的王知县断不会以"太子君也，尼父臣也，臣不当先"为由做出那般荒唐之举，这也反映出这位王大人对教育不够重视。清中后期，商业兴旺给社会带来巨大的财富浪潮，裹挟着优秀人才经商谋生。这样里外一核算，科考成绩的不理想应该是有诸多方面的原因。如果将此问题全部归结在王知县的错误行为上，也明显不合情理。因为崇祯九年（1636年）之前200多年的明代也只有几个人科举入选，康熙十四年（1675年）后的200多年的清代成绩也并不理想。所以，魏知县将平遥教育质量差的帽子全部扣在王知县的头上，也是难以让人信服的。

然而，如果因为平遥当年科举成绩不理想，就得出结论说平遥的教育"失败"，又未免有点狭隘了。平遥人舍弃了"学而优则仕"的传统"正途"，走出了一条科举之外为社会创造价值的成才之路。科举之外的学子丝毫不比科举入仕给社会创造的价值少，也许更有历史价值。那么，下面我们就从这个视角来观察一下平遥的"教育"成果。

不论是文献还是县城的物质遗存（如文庙、超山书院、西河书院乃至冀氏家族兴办的鸣凤书院等），都表明从清朝开始，特别是清朝中后期到清末，平遥对教育的重视是空前的。那么，历届"久试不第"的"青衿俊秀"们走向何处去了呢？他们在社会中的作用和价值体现得如何？

也许有的郁郁不得志，仅在乡村或家族中当个私塾先生，业余时间完善一下各种"礼节"设计，经常帮助乡村邻里组织各种仪式、书写各种文书，并且在生活实践中使各种礼仪日臻完美。这些不得志的乡间秀才很受乡邻敬重，撑起的是千百年来一邑民俗文化的脊梁，充实了无数人的生活，贡献不可估算！

也许有的人为生计所迫，拜师学艺，从事某种匠人活，由于有一定的文化功底，为体现自己的文化背景，自觉不自觉、有意无意间在某种工匠活中创新、提高效率，使得整个行业沾上文气，成为一地可以传世的经典。这些经典散落在各行各业，三百六十行，行行出状元。特别值得一提的是，大家现今乐道的国家一级文物"纱阁戏人"便出自与丧礼相关的"纸活铺"匠人许立廷之手。其工艺之精湛，文化之深刻，品种之繁多，方寸之间的表现，令人叹为观止！

也许他们一心在家，一边读书培养心志，一边耕作教育子女。"耕读"模式是农耕时代官方最倡导的价值观与生活状态，带有士人理想色彩的感觉，可说是官方推行的儒家标准模板之一。平遥城乡的院落门匾书写"耕读传家"者甚多，这个内容既是目标、理想，也是读书人在封建农耕经济时代的社会价值观。

也许他们放下读书人的尊贵外出经商，打拼在全国各地的大小码头，成为商界精英。就平遥而言，这条路上读过书的人数量众多。成千上万"落第"学士在商海中对社会进步做出了重大贡献，其中优秀者的创新之举改变了社会的进程，为社会的进步所做的贡献与取得功名做官相比，可以说不分伯仲。赚得的真金白银支撑起了平遥的繁荣和富足。经济的繁荣同样带动着文化的发展，节日习俗的丰富和展现的内涵，在周边县份中绝无仅有。读书不第的士子，凭自己的智慧用心地将一邑的生活装扮得丰富多彩。这样的"奢"，可谓有历史文化意义之"奢"。

也许，我们当下无法记述和了解的行业也有这些落第学子的身影。那么，我们换个角度去看，这些学子虽未取得功名，却在自己所从事的行业中都开辟了一片新天地，给社会做出了贡献。如此说来，能说平遥的教育"失败"吗？

"士农工商"的传统封建社会价值观及"学而优则仕"是唯一正途、其他均为异途的成功标准，让平遥官绅在明清时期靠财富取得了一定的社会地位后，仍念念不忘努力科考，以实现振兴文风、还归正途的凤愿。

四、思想的先进，风气的开放

尽管在清初，康熙十四年（1675年）魏知县就已将荒唐的"庙寺错位"纠正，科举考试成绩有所改善，但仍未达到平遥人心中的理想。此时的平遥商人虽已腰缠万贯、纵横天下，但是家乡的文风繁盛与否，仍然是他们心中始终的牵挂。所以，在各种学校设施齐备的基础上，社会各界于咸丰六年（1856年）至同治四年（1865年），聘请由于与林则徐政见不同而辞官还乡的徐继畬任超山书院山长。当时的社会、商界反哺教育属常见，但一个县级书院邀请二品大员出任山长，古往今来比较少见。可见，经济发达之后平遥人对科举出仕的强烈愿望，或者说是士绅各界将一邑科举名次的希望全部寄托在后代身上。

如果我们对徐先生稍作了解的话，便可知当时中国社会处在变革萌芽期，他是公认的放眼看世界的第一批人。他著的《瀛寰志略》让中国人看到了世界的多元与进步，那么可以想象在当时平遥商业、金融业的快速发展期，以及中国社会转型的觉醒阶段，有了这位具有开放意识并对西方世界有所了解的前任巡抚对平遥教育的加持，必然会使社会出现一种全新的价值观。这个时期，由于平遥乃至晋中一带的商贸高度发展，具有一定文化知识的商贸、金融业"职业经理人"成为急需人才。徐继畬的到来，为解放思想、带动和推动"学而优则商"消除了思想障碍，破除了精神禁锢。他"恰逢其时"地将开放意识在平遥传播与灌输，无疑影响了平遥持续的、具有先进开放思想的文化氛围，改变了社会中唯才是"举"的传统观念。当时平遥形成了头等人才在商界，二等人才去读书的社会风气。广为流传的"八秀才驻票行"便是平遥学风、社会风气转变的真实写照。人才的培养，正是平遥金融商业持续繁荣的智力支撑、文化支撑和人力支撑。

"十年树木，百年树人"，其实10年的时间完全可以创造性地改善、改变一地之社会风气，并使人才成长。先进的教育使一地之文化习俗和社会环境提升变化，其对后世的影响绝不在一时一世。当时的平遥是全国的进步之地、创新之地、和谐之地、富裕之地。平遥这种一片祥和的发展态势必须有先进的教育理念衍生出来的价值观作为基础和引导。由于这样的带动，平遥出现了繁荣局面，史可做证。平遥人在那个时期创立的票号极大地推动了社会的进步，说到底还是教育和教化成功的标志，只是途径不同而已。史籍和科举考场以外的平遥教育成果，应该是平遥教育成功的别样注释。

其实，教育和教化成功与否，最终都会在社会发展进程之中、各种人才对社会的作用中得到体现和反映。除了正统的进士及第、入仕做官外，良好的社会环境或风尚气韵，产生各类实用型的尖端人才，这也应该被视为一邑文运强盛之标志。文化力量正是明清时期平遥经济社会快速发展的重要原因。

另外，当年列位县官大人"抑而未止"的平遥婚丧二俗奢侈之风，除去摆阔的浮躁之气，其具有文化传统的习俗也展现出丰富的文化内涵。在现实生活中，这样具有文化的另类人生体验，对于一般的社会大众来讲确实有很强的吸引力。这是否也成为一种动力作用于当时的社会之中，促使平遥人努力奋斗，致富创业，满足虚荣之后再度回归教育，形成良性循环，从而成就了平遥这座富裕且充满文气的世纪之城呢？

文而化之随人心，则壮其神——可谓精神，文化的力量实际上便是精神的力量。平遥人这种清晰的理念，是对平遥教育、社会风气的注解，应是客观、真实的，其给社会释放的正能量是持久的。至此，我们不得不向无数先贤摘帽致敬！

尽管明清两朝平遥人做的振兴文风的努力在科举中没有得到理想的回报，但后来地处文庙的平遥中学中还是走出了一大批学界精英。在高考中，平遥曾出现省文、理科"状元"，这也算对先辈的告慰。而且这些"状元"的取得是科学的、真实的。封建社会的科举成绩受阅卷官主观影响较大，命运和机缘占的比例不小。现代考试，阅卷者心情对成绩的影响减小不少。是否可以说，努力总会有回报，只是可能迟到呢？

附

万历平遥县志·风俗

平遥土壤瘠薄，风气刚劲，人多耕织、少商贾，习俗健讼、简朴，独婚丧二事尚奢，多未协礼。《传》云，观民风者，奢则示之以俭，俭则示之以礼。夫礼者，中而已矣。如婚礼，人道之始，礼仪岂容疏简？但自古荆钗裙布，亦自成礼。而太祖诰云：婚礼论财，夷虏之俗。奈何以粉华相轧，其聘财之多，大家顿费百金，次五七十金，再次三四十金。完婚之日，又备粟麦百装，马价三四十金，猪、羊、油、曲、鹅、鸭、鸡、兔俱排列明将。鼓吹甚剧，乐舞成行，宴会通宵，华筵绮丽，即赏厨唱，亦满数十余金。其舍家、群役等类，亦费数十余金，犹且互相争角，颇不如意，即油污客衣、眦睚客面。如此恶俗，相竞成风。其迎婚俱用火炮，尤其费眇而害巨者也。先是，万历二十三年 (1595) 知县周公大举崇俭会，昭明禁约，遗风犹踵覆未变，当事者任崇俭会严加申饬，庶俗可还醇而民趋朴茂矣。

又如丧礼，乃送终大事。《传》不云"丧具称家之有无"乎？无奈侈丽相高，富厚恃贝，动备华细旛纸数百余杆，妆饰象驮仪卫、引路显神等类，繁竖盈街，烨然耀目。甚至扮戏杂剧，毛女、伞盖之饰，只供观娱，哀戚荡然。如此滥费，巨者不吝千金，细者不减百金，从未闻有赙赠之风。自经崇俭会举婚，友邻会方有助讣之仪，仅革诓布之诮，其奢工无益之费，尚因仍而未尽革。间有妇媳之丧，女父母家需索孝礼，辄诬包娼宠妾，驾奢成贪，此习尤为痛恨。司风化者欲下慎终之令、布宁戚之规，则有申明崇俭之法在。

票号之始

　　票号是专营存放、汇兑业务的金融机构，为现代银行之前身。票号在平遥诞生，首家票号为"日昇昌"，起始时间为清道光三年（1823年），这个时间已在学界乃至社会上被普遍认同。当然也有观点认为清乾隆时期已有票号，也是"日昇昌"。不管是乾隆时期，还是道光初年，"日昇昌"是中国第一家票号无疑。此外，不论是票号数量最多的时候还是常态时期，平遥的票号数量占山西的绝大多数，已为定论。

　　曾经一度，平遥这片土地上出现世纪性的繁华。"日昇昌"的创立，在中国金融史上具有划时代的意义。当年的平遥，曾经搅动着中国的金融世界，是一方富庶之地。现在看"日昇昌"旧址，由于时空的变迁，我们难以想象在这样十分普通甚至还略有些寒酸的小院落中，几位平常的平遥人是如何创立票号的；他们又是以怎样的才华、智慧运筹指挥、调度全国几十个分号，带动全国金融市场，从而实现宏大事业的。忆想当年一代又一代平遥商界"大咖"，顶着不被社会主流"士农工商"价值观所认可的"精神负担"，默默地开创出这惊世伟业。历史不应该忘记他们，平遥更应该记住他们。

　　票号的特点、经营范围及相关专业内容，属于专业的研究范围。在解读城市的维度之下研究票号，更多关心的是其产生背景、社会影响以及给城市带来的变化，当然也关心其历史影响以及历史价值。本章重点关注的是怎样的条件和因素，使得票号能首先在平遥诞生，而且迅速发展，独领百年风骚。

在封建社会，商人的社会地位较低，几乎找不到相关历史文献进行研究，只能从现代人的研究成果中去寻找资料，探索平遥首先创办票号及快速壮大的原因。

一、票号产生的社会和历史背景

专门研究票号的专著其实不少，但是相较于票号在社会进程中发挥的作用和价值来讲，似乎又太少了，而且在这些研究票号的书籍资料之中，更多的是对票号的经营、内容、方式及组织结构等的研究，而对它在社会发展中的价值、地位、作用等关注得甚少，是为憾事。这些研究成果中，《平遥票号商》把票号产生的社会背景概括为："原有封建金融机构不再能适应社会商品经济的发展；发展中的社会商品货币经济给金融业的发展提供了一定的条件；早期金融机构账局、钱庄等为票号的产生提供了条件，以及镖局运现对货币交割的局限性等。"鉴于这些原因，"在特定的历史条件下产生以经营银两汇兑业务为主的票号也就自然而然了"。①这是从全国形势角度进行的分析。

① 《平遥票号商》第3页。

山西产生票号的原因如下："第一，从明代兴起的晋帮商人，在清代其资本已相当雄厚；第二，山西商人大多从事长途贩运，资金投入大而周转慢，资金不足时就需借贷；第三，晋商的分号遍布全国各地，各分号的盈利均需携带回山西总号，而且总号与分号之间常有资金需要调拨，因此，可以说是晋商的商业经营对现银汇兑机构的迫切需求而使票号得以产生"。①《平遥票号商》第7页。

关于平遥首先产生票号的原因，尚未找到有针对性的研究。对中国第一家票号"日昇昌"的研究，大家已经基本达成共识："日昇昌"的前身"西裕成"在全国各地均有分号，日常中往往有商家为求方便，求其分号给总号写信，回总号取款，票号即受此需求启发而来。这些研究尚属于就事论事的记述，缺乏对事物背后的一地社会环境促进社会发展的逻辑思考。

基于历史文化名城保护或对城市经济、社会进行综合研究的视角，我们既需要了解"日昇昌"及当时平遥的金融业绩，更想关心票号在平遥发展中所折射的社会环境，即平遥在当时的发展模式及社会管理机制，它们如何支持平遥商贸业实现了飞越式发展，并从物资贸易跨越到金融贸易。这样的跨越，给平遥带来了巨大的财富和社会变化，给晋中、山西乃至全国带来的影响都是不可估量的。

二、票号产生的行业和区域背景

从全国和山西的形势分析票号产生的原因，进一步探索票号首先在平遥产生的原因。《明清山西商人研究》说："平遥古城是雄居京蜀大官道上的一座古老城市，也是山西晋中最早、最大的一个商品集散市场，与古绛州（今山西新绛县）市场南北呼应，构成山西省境内商品流通和秦晋贸易的纽带，从而把京津商品与秦晋商品流通联系起来。"从中我们可以得知，平遥很早就形成了商贸中心，早到与"繁荣了几个世纪"

的绛州市场呼应关联的发展时期。这样历史深厚的贸易发展，无疑为平遥后来的金融转型打下了基础。

　　我们好奇，或者更想知道的是，为什么在基本条件大体相似的晋中平川的几个县城中，唯独平遥优先发展起来了呢？换句话讲，为什么平遥率先发展起商贸而且非常发达呢？"平遥虽处在京蜀大官道上，汾河绕境而过，交通发达，但由于地域资源和气候条件差异，平遥和晋中都是一个贫瘠的地区，物产很少。"①《明清山西商人研究》第265页。在"交通发达"和"物产很少"的驱动下，平遥成为晋中最早、最大的一个商品集散市场。"从市场形成以来，平遥就享有'填不满的平遥'之美称"。①这样高度发达的商贸，毫无疑问是转型的基础和必要条件。

　　那么，又是什么条件和机缘使得"清道光以来，平遥城的繁荣发生了质的变化，由油店、货栈、旅店、花店、烟店、颜料等行业领头的发展格局，转变为以经营存放汇兑业务的票号为领头行业"②《明清山西商人研究》第274页。呢？

　　有研究认为，商贸的发达带动了典当业的发展，从而自然过渡到了"票号"。"山西商人开设当铺，应该说是它开始经营金融业的发端"，"在古代，一个城镇或州县，开设当铺多少，常被视为地方经济发展与不发展的标志。当铺开设愈多也就说明那个地方经济比较发展"。③《明清山西商人研究》第155页。当铺的数量是一个地方经济发展的表征，也是票号产生的基础条件。也就是说，地理条件和地理区位，再加上明代边贸政策的推动，山西、晋中乃至平遥发展的商贸，带动了当铺业的发展，进而由当铺这一初级或原始金融业改良进化成票号就是必然。当然还有如印局、账局的设立，均是票号产生之前的铺垫和积累。

　　关于当铺，这种历史久远而且曾经在社会中风行的原始金融机构，具有很强投机行为和赤裸裸的"压榨"之意，必然会被具有现代进步定义的、基本公平的新的金融组织而取代。这是社会文明进步的方向，是历史发展的必然。

从宏观地理社会区域概念上去分析、研究，任何行业或事物不管是进化或是转型升级，都是在一定规模基础上的改变，是从量变到质变的进程。但具体到微观层面，则常常会有一些出人意料的结果。

别的不说，只说票号产生的背景。按照以上逻辑，票号这种具有现代定义的初级金融组织应该在原始金融组织当铺比较发达而且相对集中的地方首先产生。当时山西的当铺毫无疑问在全国占比较多（清乾隆时期，全国 22 781 家、山西 4 695 家），晋中当铺又占山西省的大部分。当铺发展积累到一定的量级，随着社会发展的进程，在山西、晋中出现初级金融形式票号的推理是大体成立的，但再往下具体到县份的研究便出现变化。当时晋中当铺最多的并不是平遥，与地理区位基本相同的介休、祁县等地相比，平遥不占优势。当然，这并未影响或改变平遥在山西、在晋中的商贸重镇的地位。

那为什么票号会在平遥产生，而且还是在一个和金融组织完全不搭界的颜料行中首先诞生呢？有趣的还有，"日昇昌"之后平遥创立的大量票号似乎也与当铺之类的行业几乎没有关系，这样便令人不能不去思考平遥当年到底与周边县份有怎样的不同之处。

三、票号产生的地方性格背景

天时、地利、人和这三点始终被认为是成就任何事情的必要条件。票号的产生，当然也跳不出这个普遍规律。如果我们把票号产生的社会和历史、行业和地域背景分别当作天时和地利的话，那么人和是什么呢？人和的因素不论在过去还是现在，事实上都相对天时和地利更为重要一些。内因是事物发展的根本动力，外因是事物变化的影响条件，外因通过内因而起作用。只有客观条件，没有主观努力，事情的发展自然是另外一番景象。

从天时、地利来讲，晋中区域平川的几个县份差不多，不同的可能就在人和了。这种不同就好比在同一学校的同一年级中，不同的班级有不同的班风一样。在相同的学校体制、机制背景之下，各班的班风、习惯等便决定着这个班能否在全校共同前行的路上取得令人骄傲的成绩。那么，在"班风"之下，则该关注个人之素养和创新精神。平遥大概就是这样一个具有优秀"班风"的优秀班级，而在这个优秀的班级中，又出现了雷履泰、毛鸿翔、李大全等优秀的"学霸"，故在相同的"起跑线"上交出了不一样的答卷。

其实晋中平川一带的人文条件也大体相似，都具有吃苦开拓精神。从文化"教育"的成绩来看，介休、祁县、太谷等地的科考进士人数在同时代远远多于平遥，也就是说周边这些县份的平均文化程度或受教育程度从"科举"成绩上讲应该是领先平遥的。晋中平川各个县份的各种条件相差不大，有的基础条件还明显高于平遥，但是平遥能首先产生票号，而且迅速成为当时全国的金融中心，我们就不能不去思考、研究平遥这片土地到底有什么不同之处，使得一个小小的县城能迎合时代的需要，创立推动社会进步的、全新的、具有现代银行意义的票号，从而为社会作出贡献。

既然物质、地理条件大致相同，只能在"班风"中寻求精神层面的不同了。在历朝各版的志书中，有关平遥风俗记载中的几个点值得关注。分析其文字背后的价值和意义，对于研究平遥能首创票号并迅速壮大的原因，也许能有所帮助。

（一）忧思深远

清康熙四十五年版县志中有"土瘠民贫，勤俭质朴，忧思深远，有尧之遗风焉"的记载。这可以说是对平遥人集体性格特征和思维方式的一种混合描述，似乎提示我们，平遥人的优秀性格特征在成就一邑之大事方面具有重要作用。一座城市在成长过程中，其集体共同的优良生活习惯和性格特征在重大事情上的作用，与个人成长中性格的作用十分相似。天赋灵性在合适的社会环境中，在重要历史机遇和重要历史关头下，其作用是别的因素无法替代的。当外部条件的作用与这种特有的地域集体性格产生交集时，完全有可能出现推动社会前进的创造性成果。

第一家票号在平遥产生而且迅速壮大，并使平遥成为执金融牛耳之地，一定有特殊的地方文化性格的支撑。

一是平遥人将长久发展放在首位，而且会在纷繁复杂的社会现象之中，以敏锐的思考力和判断力过滤不能顺应天时的应景式、过客式行业，哪怕一时利润较大，也会因为其不符合内心理念而舍弃，这样的思维方式、行事风格是平遥商人决策的根本出发点。不计较一时一事之得失，脚踏实地，胸中怀有大理想，默默负重前行，不为短时的纷纷扰扰所干扰，以长久的思维，选择稳妥的营生。

二是平遥人凡事一定要经过深思熟虑，立足长远，将各种可能的利弊均置于长久发展的思考判断之下进行分析。平遥票号研究第一人王夷典先生在其《百年沧桑日昇昌》中有这样一段话："捷足先登，又占有天时、地利、人和的平遥西裕成颜料铺东掌，终因具有白银商业资本的雄厚，得天独厚的平遥便利的交通条件，形成遍布全国初具规模的商业网络组织，更为难得的是在高瞻远瞩、力求创新的李财东麾下，聚集了一批深谋远虑、敢于善于革故，又具有丰富经商经验的高端经营管理人才，揭开了尘封千年的中国封建经济史、金融史新的一页，步入中国近代经济史、金融史的新时代，改营西裕成，创立日昇昌票号。"这无疑是对"忧思深远"的最佳注解。

所以，我们认为"忧思深远"的地域性格，其实就是一邑无数个体性格特征汇集而成的集体性格认同，也是一方土地上社会风气的综合体现。

（二）质朴勤俭

如果说在县志中历来都有"土瘠民贫，多耕织，少商贾"的描写，那也应该是拘泥于当时"士农工商"的社会价值观，官方修志不能违背而陈陈相因的表达。我们倒认为"勤俭质朴"乃至"习俗健讼"可能是在当时成就"霸业"的另一地方性格优势。

放眼平遥城内著名的"票号总部"的"办公场所"，建筑之"质朴"着实令人心生敬意。"日昇昌"一个账期的分红，普遍年景平均每股"一万二千两白银"，它的富裕程度足以让人大开眼界了，但是，票号的富裕与这些普通得不能再普通的"总部大楼"相比，简直让人无法理解。也许有人会说，也许是平遥人不重视公共场所，只注重私宅的档次，那么再稍看看雷履泰、毛鸿翙、李宏龄等著名票号"大咖"的"豪宅"，它们与"乔家大院""三多堂"相比，实在不是一个档次的。实用和耐用的观念影响和带动着平遥人的理念，在平遥几乎没有什么巨商豪宅，"勤俭"一词用在平遥这些代表人物身上还是比较恰当的。

除了"勤俭"，不得不提的是老板对待员工的"质朴"。"质朴"一词反映在对待员工的机制之上是满满的地域情怀，那就是带动乡亲共同发展之意。在平遥票号中，学徒如年满且优秀，就有机会"顶生意"（身股）①，有了一定积累之后，还可以有加入"银股"②的机会。这种用机制安顿员工身心，使员工有机会成为主人而安心干事以资激励的办法，远远胜于说教。这样的企业制度设计，当然是出于对号内人事稳定的考虑，便于经营管理和人才培养，但同时也具有互相帮衬、共同致富的"质朴"情愫。

① 票号从业人员凭借自身服务而获得的分红权。
② 指以资金的形式参股。

质朴勤俭是平遥成功人士的基本素养。"好汉护三村，好狗看三邻"的平遥俗语充分表达了一种价值观和精神追求，也是这种胸怀、境界和风气的真实写照，更是平遥商人创业成功诸多条件中的一个。这样的做人做事逻辑带动了平遥社会城乡的普遍富裕，社会安定祥和。遍布城乡的质量上乘、略显讲究又充满文气的商人宅第，以及壮美的县城便是平遥商人发达之后留给子孙和社会的巨大财富，供后人"享用"与"想用"。

（三）习俗健讼

再说"习俗健讼"，这四个字最早见于明万历《平遥县志》中，粗略地理解是说爱打官司。现在人们说起此事时，不免带有明显的贬义和嘲讽。如果以平常心，从做人处事的真诚度上去理性分析的话，应该会得出平遥人"认真""较真"的性格特征。这样的理解我们觉得基本上没有什么大错。

至于为什么志书上有如此记载，是有什么样的事实作支撑，现在我们已无从知晓了。但是，任何事情如果辩证地去分析，也许将是另一番景象。"较真""认真"的性格标签，如果在开创事业上运用得当的话，将会带来长久的收获。他们把一件事情放在于情、于理、于法、于久的层面上分析得清清楚楚，与合伙人将责任、权利、义务等归置得明明白白，让大家轻装上阵，毫无思想拖累，一心扑在事业上。这样看来，"较真""认真"就是一种适合创业的品质。

我们理解这是契约意识的心理基础和最初状态。平遥商人正是基于这种明显的契约意识，才具备了行走天下、无往不胜的前提，这种契约精神助推了平遥百年金融霸业，是成就平遥白银帝国的基本保障；同时，这种精神还是先进企业制度设计的理论基础和思想源泉。平遥人在处事中常讲一句俗话"先丑后客气"，这便是契约精神在日常中的体现。因有约在先，如果一方违约，另一方诉告官府，寻求依律裁判，当然是契约精神的应有之义。这也许是"习俗健讼"的来历。诉诸法律寻求解决纠纷，总比将各种矛盾各自聚集，直至不可协调，甚至引发更严重的社会问题要好得多吧？理性地去考虑，如果这个"习俗健讼"从思想和理论上助长、成就了平遥几百年商业辉煌的话，我们倒觉得当代人应该深刻研究、积极思考这"习俗健讼"的现实含义。

四、票号背后留下的研究课题

明清时期平遥的商贸与金融业的发达，必然带动整个城乡的全面发展。城乡共同繁荣的物证便是留存于现在的全国独一无二、无与伦比的平遥县城及无数不亚于城市的漂亮、富裕的乡村堡寨。县城和乡村的实物遗产承载的是经济高度发达时期的社会秩序、文化秩序及生活秩序。这些物质遗产同贯彻在富裕平遥人日常生活中的衣、食、住、行、礼等方面的手工技艺及种种习俗共同构成了平遥文化的根本。所以研究平遥如果仅仅停留在表面的物质空间和用所谓的"非遗"思维去粗浅地理解和宣传平遥，一定会留下无比的遗憾和不少的误导，甚至会造成对平遥所承载的汉民族文化的曲解。

小城市、大品牌；小区域、大文化；小店铺、大码头；小身手、大动作——这是平遥县城和平遥商人在明清时期的真实写照，也应该是我们今天所追求的目标。不求轰轰烈烈，只要脚踏实地。

如此高密度、大容量的商业、金融架构，一定需要比他们更庞大而且丰富的城市服务系统、社会服务系统、文化服务系统、教育服务系统，以及手工业服务业来与之匹配。这是一个繁杂并经过长久磨合，且在发展中不断迭代的生存体系。所以，平遥几百年乃至更长时间繁荣的背后，一定留下了无数让我们思考和研究的领域。我们后人首先应对平遥发展的历史系统、真实且深刻地研究，方可担当传承使命。

票号为什么首先在平遥产生，而且形成了巨大的产业链并融于平遥城乡？这实在是一个有内涵、有深度和广度的历史观之下的研究课题。我们用这样一点文字、一种思维、一种逻辑去探讨这样一个深刻严肃的问题，用平遥人的一句俗语"赤尻子（光屁股）追麻胡（狼）——胆大不害羞"去形容和评价，丝毫不为过。长期以来，大家说到平遥当年的繁荣时，都会自豪地讲到票号，讲到第一家票号，讲到有多少家票号，讲到平遥是当时的金融中心，等等，但确实没有对为什么当时的平遥能如此成功进行专门研究，遗憾无比。尽管我在多种场合向一些同志提过此话题，但是并无下文，或者仅是一点泛泛而谈，实在难以满足我的好奇心，难以"解渴"。

这种心结在胸淤积已久，今一吐为快，并想留下此话题以引起各界专家关注、探讨。使这个问题引起社会关注，从而有人进行深入研究，进而借古人智慧推动和改善我们的未来。这正是我写作的初心。

精神之思

一个城镇或区域在发展过程中，灌输以文化的力量、精神的内核，或者地方特别的生存之道，抑或生长过程中长期积累而形成具有集体认同感的地域气质或性格，人的作用是其真正的灵魂。当人的行为长期与自然、城镇实体空间进行交融后，一个地域便有了精神。人们创造的文化和物质的价值构成了一地的精神现象，这种地域现象在一域之成长过程中，往往起着某种决定性的作用。

我们读一邑之历史，品一城之文化，赏一地之建筑，其实深刻一点去体会，是在读这个地方人群的生存发展轨迹和文化涵养乃至他们的精神面貌。人们长期的生产生活让这个地方或城市有了精气神，有了灵魂，具有了可读性。人们的活动越久远，精神积累越丰厚，可读性自然越强。

当然，地域的各种气场、风水、机遇是基本因素，同样不可忽视。纵观平遥城的发展历程，特别是明清两代的成长变化，由"拉不完、填不满"的商贸重镇成长为曾经的全国金融中心，毫无疑问是由无数平遥人的努力拼搏、代代矢志不移的打拼换来的。站在当下回顾平遥当年取得的这些成就，可以说是合适的社会环境、特定机遇、地域条件等众多因素共同作用的结果。这些特定机遇和地域条件的形成，具有明显的历史和文化意味，这些方面的内容，又都是在相当长的发展过程中积累而成的。这些由历史和文化在一地形成的成长因素，我们称之为历史环境和文化环境。

一、"地域三观"的思索

在研究地域成长发展中，如果把"社会环境""历史环境""文化环境"这几项基本要素类比为人的"三观"而称之为"地域三观"的话，那么"地域三观"的互相渗透融汇产生的便是城市的"气质"，而气质则是城市精神的外在表现。

历史环境构成的基底因素主要是自然、地理、气候等客观条件，包括在地域成长过程中，人工和自然互相作用之下的独特生存空间，山川、水系、交通、设施等生长过程中的所有积累。历史环境从某种意义上讲，具有一定的先天的不可选择性，后天改变需要较大的时空变革、技术推动甚至战争。历史环境在封建社会的生产力水平之下是相对稳定的一种生存结构形态，在某种意义讲具有客观物质空间的意味。

文化环境是在较长的时间中教育和教化糅合在历史空间和地域环境中的区域性文化属性。由于它是生长在客观和主观条件之上具有意识形态意味的文化现象，所以往往也有强烈的地域痕迹和时代特征。文化环境是在长期的生产、生活实践中，经过无数机遇事件的巧合作用磨合出来的，具有一定的地域个性气质和性格特质；是人们在长期的生存发展中，留在城镇地域人们生活中的风俗倾向、文化样式、语言类别、信仰格局等，而且在大区域共同的文化状态之下，小范围之间细节也不尽相同，即所谓的"十里同乡不同俗"。文化环境的成长因为是在一方地域土地条件上的发展和生长，所以受历史环境影响的痕迹也非常明显，是教育和教化在历史环境之中的地域文化生长模式的产物。文化环境有很强的地域历史环境的生长基因铺底，通过人的日常行为表达在社会中，而让域外人感知到有别于其他地域的风范和模式，因此是明显的精神范畴、意识形态的表现方式。

历史环境和文化环境的形成在一定意义上讲有明显的历史形成过程，而且这个过程不是短暂的十年或几十年可以完成的，需要在比较漫长的历史时空中去实现，所以短时间内由于人为干预因素而改变的概率较小。因为是在漫长的发展进化过程中形成的特定基因存在，即使短时间、小范围人为强力地改变一个阶段，之后反弹的可能性也会非常大，至少主脉、主线不会中断或改变。如果强力改变的内容有相当的生活植根力，那么强力推进的新内容也会在文化主线上嫁接或保留一个元素而被纳入原有文化的系统中，留下一个小点或小细节而成为整个系统的组成部分。新的内容如果与生活的关联度较小或经过一定时间的磨合不适应地域的文化土壤，则会随着强推力度的减弱而自行消失。

历史环境和文化环境就是在漫长的历史长河中，由无数短时、小范围所倡导的社会价值、生存生活方式积累、沉淀、融合而成的。

一个区域的阶段性发展成果，一定是在历史和文化环境之下与阶段的社会环境共同作用的成果。在这样的思维逻辑下，在已经有了漫长的积累而基本定型的历史环境、文化环境之后，一定时期社会环境对于一地发展的作用就相对具有决定性了。所以，我们可以设想，平遥在明清时期特别是清中后期的崛起和成功，逻辑上讲应该是长久的历史环境、文化环境遇上了适合的社会环境的结果，或者是社会环境适应了长久形成的历史和文化环境而促进了那一时期平遥的发展。因此，我们对平遥当时的社会环境充满了好奇。

社会环境可以在相对短的时间内，通过社会管理的调节和引导形成并建立，从而实现影响力，然后作用于社会各个层面。

社会环境有着强烈的社会管理背景，社会管理者的有意"无为"，或其能否服务于一个"先进"的"苗头性"的创业创新的区域发展氛围，对于区域、城镇的成长至关重要。

社会环境决定着一个城市、乡村在一定时期内发展的方向、职业选择的倾向乃至文化崇拜的偶像。社会管理者倡导、教化引导、推行或者强硬推行的社会价值取向，会有效促进或改变一个时期、一个区域的社会环境。

抽象地表达社会环境，是社会管理者施政之后形成的一定时期的社会运行机制。

社会环境的培育，一般来说应该需要在历史环境和文化环境合成之后，再加上人文的努力和各方阶层的推动糅合，三者便成为了一地特定的区域精神并呈现于社会的各个阶层。

二、平遥精神的探索

存世而且能见到的历代平遥志书中都有"民多耕织，少商贾"的记载。从明到清末光绪年间都有这种"少商贾"的表述，但可能与现实不太相符，至少清中后期应该有所改变。这样的记述也许是为迎合封建社会"士农工商"社会价值观的委婉之词。如果写作"人多耕织，商贾亦不少"可能更与事实相符。明代中后期到清代尤其清中后期，平遥的商贸业、工商业、金融业高度发达，成为全国金融中心，怎么可能少商贾呢？有人做过统计，仅梁村一个村、仅票号一个行当，便有大小掌柜、伙计200余人，想想全县之众、百年之久是什么概念。当然这个群体的占比不会太高，这应该是事实。毕竟在农耕时代，大多数人口还是从事农耕，但在当时的社会状态下，平遥商人在平遥总人口中的比例与周边县份相比应当是高的。

在当时的社会状态下，平遥商人不但数量占比相对高，而且是优秀的人才群体。在商界、金融界，他们靠优秀品质、先进精神、商贸气质推动了平遥一域的快速发展。换句话说，在平遥城乡的经济发展、社会建设中，这些"少数"力量发挥着很重要的作用。

平遥商人在商言商，重情重义，但体面的生活总难以掩饰正统社会价值观对他们内心的"压抑"。他们长期纠结，总向往通过科举而光耀门庭。故他们出资出力，捐资重教，始终努力振兴家乡科举，以期后辈中举入仕。但随着社会价值的多元化发展，当然也包括巨大利润的吸引和事业的需要，一代又一代的平遥人，表面义无反顾、内心总有"遗憾"地踏入商界，实现着经商养家富家的朴素理想。随着捐纳的开放和财富的积累，平遥商人便纷纷捐官纳衔，以平衡由于不在"正途"，尽管富有但还有点"卑微"的内心，以此满足社会虚荣，冲抵社会偏见，努力体现存在感，增加话语权。

其实，平遥商人中实在不乏有文化之人，但他们从不把自己装扮成读书人，文化对他们来说是用来修养自己及后人的。商业可以让家人的生活安定和殷实，在安定和小康的日常生活中，他们处处注意自己及家人的言行，专注地在自己的天地里做着属于自己的事情。君子之风、绅士之度是平遥商人的整体形象，他们也许内心有过彷徨，但一直理直气壮、堂堂正正地做着别的地方的商人羡慕的生意。现在，有个非常令人不解的现象，有的人把有文化的商人头前冠以"儒"字，称为"儒商"。从传统文化的属性上讲，儒和商在中国传统价值观中往往是不相干的社会群体，这样无趣的雅称平遥商人无意结缘。

过去和现在的社会走势一样，先进的企业和与之匹配的人才是互相吸引、互相成就的。平遥在明清时期商业巨大繁荣发展，以及清中后期金融业高度发展，人才的力量在其中起着特殊的作用，大量的"职业经理人"队伍支撑起了平遥发展之大厦。这群"学而优则仕"观念下"不务正业"的平遥商人靠着特别的精神气质，走出了一条不同寻常的人生之路，给中国历史留下了巨大的回响，可谓绝唱！

当今社会的发展趋势是企业跟人走，人跟城市走。资源、资金往人才集中的城市聚集。回顾平遥当年的发展也是如此。由于有大量"职业经理人"的存在，再加上优越的区位背景，以及与当时发展相匹配的社会环境的有力支撑，平遥率先创立"日昇昌"票号之后便迅速吸引了大量资源，并发展壮大成为全国金融中心。同时，这样的发展促使平遥加大对社会环境的改善和对"职业经理人"的培养，并进一步吸引资金和人才，从而形成了良性互动发展。

历史需要合力，但也需要杠杆。平遥从一个小县城积累发展成全国当之无愧的金融中心，若干历史条件和历史事件或促进了发展，或奠定了基础，它们既是发展的支点，也是发展的杠杆。从汉代开始、后逐渐巩固的京陕官道，到后来的京蜀驿道；从明代"开中法"政策带动边贸商贸，到康熙西巡，再到票号诞生；甚至一些灾难从某种角度看也促进了平遥的发展。这些事件无疑在平遥的发展中起到了杠杆或支点的作用，不容忽视。它们充实了平遥城的历史积淀和成长动力。

社会经济发展中，人才、企业、城市三者的互相依赖度古今中外是一致的。由于平遥具有创业、创新的土壤和人才优势，有先进的企业模式，有一种精神特质，也许还有一种我们现在不知道的社会环境、历史环境和文化环境，所以平遥在第一家票号出现后的极短时间之内吸引了大量的域外资金，在平遥开设的票号最多时达到22家，占当时全国票号总数的近一半，从而在中国金融界牢牢掌握了主动权，同时也拥有了话语权。当然，由于平遥有先进的社会环境，具备吸引资金和人才的基础，才有了百年繁荣的经典之作。这个经典之作的成功，得益于众多条件。在众多的条件中，人才的作用和价值万万不可低估。人才的产生和源源不断地培养需要一个良好的社会环境作支撑，这个社会环境保护和培养了这座城市的气质和精神，而城市的气质和精神则是众人精神气质的和谐协奏，这种精神可助这个城市走向辉煌。精神的力量，归根结底是民众和土地的合力，二者相互支撑。

三、平遥精神的反思

平遥在当时的"地域三观"之下的精神气质需要我们通过大量文献研究及口述历史获得，从当时人们的处事、创业之道中分析、推理。回顾平遥的成长之路，社会精英、成功人士等乡绅阶层及社会管理模式的作用非常关键。归根结底这是人的价值追求和社会实践在特定的历史环境、文化环境及社会环境中的综合呈现。其中，在社会环境中，一地管理者起着关键性的作用。管理者必定是受过教育和教化的具有一定天赋、才能和权力的群体，在适合的社会环境中他们的优秀表现能给一地留下精神财富，这种优秀表现当然也离不开历史环境和文化环境的承接和滋养。

"地域三观"的合成价值表现的就是经过综合融汇的一邑的精神状态和面貌。这种精神面貌或叫气质，会给域外世界一种特殊的感染力，优秀的也可称之为地域魅力，这种地域魅力会让人和这个地方有过接触了解后，产生一种进一步探寻，进而决定交往与否，最终表现为深入一地感受体验的冲动。不管是人，还是城市，气质都是由物质和精神混合成的一种气场。精神的作用力和渗透力使得这个气质更有底蕴，"腹有诗书气自华"嘛！有内涵的城市会明显高贵、大气而不做作。高贵、大气这两个词如果用在平遥、平遥县城一定不会牵强，而是名副其实。

我们今天对平遥城的解读、记述也好，对平遥精神的探索也罢，无非是要告诉我们自己，"申遗"以来这些年平遥取得的这点成绩，只不过是顺应了历史发展的机遇，及时拥抱了社会发展的阶段而已。如果我们能科学、理性、平和地从大历史观的角度去看待平遥明清两朝几百年的发展变化，然后再回到现实，理性、冷静地放眼全国、全世界，与同类遗产城市做对比，就会发现我们的保护也好、旅游发展也好，其实与优秀者差距还很大，我们万万不能夜郎自大、沾沾自喜。

平遥城今天所谓的"成功"，在历史的时间维度上看只是瞬间，仍需要平遥人以"忧思深远"的品质，对照世界先进，反观自己；对照祖先留下的遗产，反观自己。平遥先人的聪明智慧成就了当年平遥作为全国金融中心的繁荣，承接了千百年的历史文化积淀，留下了一座代表汉民族文化系统的精美城池。这座城池今天毫无悬念地被列入"世界文化遗产"，我们能否踩在前人的肩膀之上，继承平遥精神，将历史上的"全国金融中心"转变成为"世界文化遗产保护的中心"，传承千年文化，富裕平遥民众？靠聪明和智慧打造出遗产保护的"平遥方案"，将"中国汉民族城市在明清时期的杰出范例"变为遗产保护的世界范例，从而在国际上享有城市遗产保护的话语权。至少在东方国家中，平遥应该有这样的目标追求，因为平遥具备这样的"地域三观"。

现代社会发展迅速、变化多样、技术强大、经济发达、物质丰富，如果我们在城乡遗产保护中不能以"不变"应"万变"，大量"山寨古城"的"样板"将会把我们的"精气"耗掉。在保护遗产的路上，"不变"是大道、是价值、是核心、是责任、是使命、是情怀、是担当。"不变"的是城市的精气神及空间格局的"大"到"小"，"变"的只是与时俱进地提升城市居民生活的舒适度。看似矛盾，实则非常和谐，而且只要得法，极具技术和投资、文化和历史的平衡性。这才是平遥的前景、平遥的根本出路，才是保护、发展、传承的根基与"大法"。

20 世纪 50 年代的市楼
（中国建筑设计研究院建筑历史研究所提供。）

忆城

回顾过去，是为了更好地展望未来。

1975—1995 年的 20 年，众多人毫无功利心地对待平遥县城的保留、保存，冥冥之中为平遥申报世界文化遗产做了准备和安排。历史已经证明，并将继续证明，正是这个时期的种种努力，成就了平遥城后来的进步和荣誉。我以亲历者、研究者、思考者以及实践者的身份，从城市规划、名城保护以及人文研究的视角，针对规划、建设、管理等方面，在这个阶段围绕遗产保护、城市建设开展相关工作，用专业的背景、工作的实践以及有限的认知水平和能力进行一点理性分析、深入思考、真实记述，从而总结得失，并对后来的遗产保护、旅游发展、城市建设中出现的现象，提出问题，留下话题，引出思考。这是受益于这座城市而具有职业情怀的具体表现，当然更有对平遥未来的祝福和期待。

任何事情都不能独立存在，也不可能孤立发展或壮大，一定与其存在的各种环境息息相关。毫不回避地讲，1975—1995 年这段时间中平遥在名城保护方面取得的成绩是各种条件和机遇综合作用的结果，更是时代进步的结果。任何理想绝不是单一方面作用、单一团体努力便可实现的。所以我们应缅怀前人的努力和付出，前人的付出是后来成功的条件。

这段时间中事关改变县城发展方向、方式和命运的关键事和关键人出现的偶然和巧合，常常使我们感受到平遥这座城的神奇和伟大。无数的巧合都降落在这座幸运的城市之中。所以，我们更要感恩这片黄土地的馈赠，赋予平遥永恒的光芒，照耀着过去、现在，并且我们还希望它照耀着未来。

本篇的回忆，旨在希望社会在"享受""申遗"带来的"风光"之时，应该铭记先人与前辈的默默奉献。平遥成为世界文化遗产之后，平遥及平遥人所承担的责任和使命更不能被淡忘。

城墙的命运

对于一座历经沧桑岁月的传统城市（镇）来讲，城墙的存在似乎体现着一种文化之外的能量和身份，有着复杂而且多元的价值。当代，社会关心城墙的视角，对其原有功能和价值定义的理解鲜有涉及，认为城墙的存在更多传递的是历史积淀，呈现的是文化符号，记述的是岁月过往。

一、战争岁月中的城墙价值

平遥城墙在清道光三十年（1850年）经历全面且彻底的修缮之后，抵御战争的作用减弱，加之社会的巨大变革，不论官府还是民间，对城墙的重视程度明显减弱。由于道光年间平遥城墙维修后比较坚固，并且有常态化管理的机制和相对安定的社会状态，直到1937年，还有专人看护，"城墙上完整平坦，自行车在上面行驶就如上了公路一般"[①]。可见，这段时间尽管没有记载专门的城墙修缮，但是平遥城墙在抗战开始前应该是基本完好的。

1937年以后的中国，社会形态、社会结构及人们的思想意识都发生了巨大的变化，导致这些变化最直接、最大的推手就是战争。尽管冷兵器时代留下来的宏伟城墙的防御作用

① 出自《励进斋诗文拾遗》（山西经济出版社，2017年）第5页《古城说古·古城全貌》。

已经非常有限，但是在抗击日本侵略的战争中，平遥城墙仍然发挥过非常重要的作用，而战争对城墙及相关设施的破坏和打击的力度也是巨大和空前的。社会的振荡，战争的持续，使几百年的城墙经历了历史上最大的人为损毁：城楼被夷为平地，取而代之的碉堡及东城墙上炮轰的弹坑，从另外的角度记录着这段历史。

1938 年 2 月 13 日（农历正月十四），日本侵略者进犯平遥，中国军队在城墙上东门段对日本侵略者进行了有力的还击，虽然后来失守，但依托城墙进行的抵抗被载入历史，古老的城墙再一次体现出它本来的属性。之后在解放战争中，平遥城墙又经历了艰难岁月。随着战争的结束，城墙带着千疮百孔和坚固的碉堡，进入了中华人民共和国。

二、社会建设中的城墙命运

中华人民共和国成立后，全国各地都处于百废待兴的蓬勃发展期，需要建设和发展的方面较多，故像城墙这样从封建社会遗留下的产物基本处于自生自灭的状态。在社会发展的过程中，各地的城墙都经历了严峻的考验，平遥城墙也不例外。

庆幸的是，平遥城墙由于在中华人民共和国成立至 20 世纪 80 年代初保存得比较好，避免了有组织的拆除。一方面，虽然社会已经进入到新的阶段，但是对于历史城市（镇）所在地的老居民来讲，城墙就像久驻在人们内心的一道"护身符"，给人们的归属感、安全感及领域感深深地存留在人们的心灵深处，从某种意义上讲，是城镇人们家园意识的支撑和存在的基础。

《平遥城墙塌毁情况
调查记录》封面
（1977 年洪灾后，李
有华先生撰写。）

另一方面，历史城镇在面对新的社会状态"发展"的浪潮冲击时，城墙往往被认为有碍于发展，即使阻碍不大，但由于是封建社会遗留物的缘故，被拆除的动议时隐时现。特别是在发展稍微快速的阶段，留存状况相对比较差的城墙被拆除的机会便非常之多。如果城墙依然基本完整存在，即便有拆除的动议，出于对千年积淀的文化因素以及成本的考虑，常常需要经过一些论证讨论或经济比选。对于一般县城来讲，因为这样一个过程"性价比"不高，有组织拆除的想法往往就会被搁置，这样有意无意中保护了城墙。进而，城墙就会以"屏障"的身份而存在，对城内的老建筑也起到了"保护"的作用。这种情况下，因为城墙作为家园"围墙"的集体认同存在于城镇每个人的内心深处，所以决策层中的一些文化人士在讨论的过程中，会无意识地扮演起"消极抵制"的角色，起到拖延和调整方案的作用，从而改变"拆除"城墙、老建筑的决定。当从现在存世的众多城、堡去分析或了解其能留存至今的原因时，会发现大体都有这么个过程，就是当历史城镇遇到自然或人为的改造拆除冲击时，城墙、堡墙将会作为首道"防线"，从物质和精神两个方面予以"抵抗"或"防御"。这时，城墙便似乎发挥了它的原本功能，自然而然地成为这座城或堡的"守护神"。城墙或堡墙得以保留后，这座城（镇）或堡寨的保护和留存机会和可能就会大大增加。在一座历史城镇的发展进程中，城墙的存在可以保留和固化人们的家园意识，作用在人们的集体思维意识中，反映在人们的行为中，例如抵制对城墙或堡墙的人为损坏。这种现象抵消了部分对历史城市激进的伤害行为，有着无形但是特殊的正面作用。

千百年形成的集体认同深深地植根在人们的心灵深处，代代相传，从而保护着这座城。我们可以这样理解，物质的存在，往往需要精神的力量作支撑。换言之，当物质具有了精神内涵而植根于生于斯、长于斯的群体内心时，精神力量对其物质形态的保护作用在某种条件下胜过物质本身所具有的能量。这种精神如果能得到有效传承，其价值将与物质共同存在，从而成为一地的文化价值。

所以，1949 年后的一段时间，像城墙这些从传统社会承接过来的产物，必然要承受一段特殊的经历，自生自灭是常态，平遥城墙也并未幸免。如果仅仅是自生自灭，也算是摊上"好运"了，但经过战争的摧残后，平遥城墙不幸地被列入"四旧"的行列，居民修房撬砖取土，企业用墙搭设水塔，对城墙的"破坏性"使用不一而足。加之修缮和管理的缺失，我们无法想象，平遥城墙处于何种难以言说的颓废状态。幸运的是，不管经历怎样的磨难，仅从物质状态角度来说，由于质量坚固，平遥城墙基本完好地留存于世。

据很多长者回忆，在当时，平遥相邻的祁县、太谷的城墙也依然存在，只是局部没有了包砖或有了小的缺口，介休、汾阳等地的城墙保存状况都还不错。如果我们用"谁不说俺家乡好"的心态去描述的话，多数人一致认为，在当时平遥周边县城的城墙只是略差于平遥城墙而已。但有一件事情让我们感叹不已，深入寻访众多年高长者，依旧未获得解答，即 1965 年山西省公布首批省级文物保护单位时，在并非只有平遥城墙基本留存的情况下，是什么机缘巧合或命运造化唯将平遥城墙列入，这实在是平遥之幸！

当年，平遥城墙被列入"省保"，给平遥城的未来播下了一颗优质的种子。尽管刚刚公布便遇上了"文化大革命"，但"省保"的名头并未使平遥城墙免受在"深挖洞"战略之下开挖长约 2 千米"防空洞"的厄运，却实实在在地避免了 20 世纪 70 年代利用城墙开挖土窑洞解决居民住房紧张问题的"创意"的落地。这颗深埋的种子后来遇到了合适的土壤和气候条件，便给平遥城、平遥城墙带来彻底"翻身"的机遇。也许是上苍和黄土对这座城的厚爱，这样的"运势"着实让人觉得有点神奇。

现在我们无法知道当时将平遥城墙列入省级文物保护单位的决策者的真实思想动态，但可以肯定的是，他们一定是被平遥城墙乃至平遥城的优秀打动，决不会带有任何附加条件，仅仅是单纯地实现了对城墙或城市的历史遗迹价值的认定。各级专家和领导也不会对这样的工作抱有任何功利之心。回看当时这一毫不刻意的公心之举，我们可以认为这是对历代平遥社会贤达对城墙的爱护而出资出力修缮的反馈或奖赏。

当年省级文物保护单位的审批方式是地方申报还是专家指定，不得而知。1963 年 4 月，平遥县文史研究馆李祖孝先生编印的《平遥文物简史》中有"门楼、角楼、敌楼已被阎匪完全破坏，但仍然是华北现有城墙

1963 年印行的《平遥文物简史》
（李祖孝调查整理。）

中较为完整一处"的记述，这是否在将平遥城墙列入省文物保护单位中发挥作用也不得而知。现在我们知道的是，当年的这个举动使多年以后的平遥城、平遥城墙走上了一条让无数历史城市企望但又难以达到的保护与利用互相促进的发展之路，并在国际领先。在平遥县城风头正劲、国内国外名声大振，好多人都愿意说自己为此曾经出力流汗的当下，这样的奠基之功让我们不能不心存敬意。当时参与将平遥城墙列入"省保"的各位前辈，也许认为自己仅仅尽了一点应尽的职责，并无意领取这份历史应该给予的真心褒奖。对于这种操守和格局，我们这些后人实在该真心向他们致敬和学习。

当然，半个多世纪前的这个奠基之举留给当代平遥的福报，绝不是也绝不可能是一夜之间跨过的，仍然是需要经历艰难困苦才有可能达到的。就像即使具有良好天赋的神童，如果后天不做任何努力，仅仅靠天赋混日子，仍然无法实现理想而体现价值和使命一样。平遥这座神奇的古城，恰恰不是"懒惰地混日子的神童"，而是非常勤奋和勤劳的"智者"，一路辛苦劳作，最后有所收获。但是我始终坚定地认为，不管平遥后来在前进的路上走得多远、走得多好，在诸多条件因素中，这颗种子的生根发芽作用明显不可被低估。

平遥城墙在经历了诸多人为苦难后，又遇上了1977年百年不遇的大洪水这一天灾，多处墙体大面积坍塌。以当时平遥的财力，对于全面维修城墙这样巨大的工程，基本是不敢奢望的。所幸有"省保"待遇的加持，经过努力，"1978年省委王谦书记同意了《全面保护平遥城墙的方案》，省文物局和国家文物局为维修平遥城墙等文物亲临现场观察，以至立项，1979年开始拨款维修"[①]，灾难之后的幸运降临到这座充满使命的古城墙之上，拉开了百年之后又一次大规模的城墙修缮工程。

①李有华《平遥古城维护纪实》。

三、百年之后的城墙修缮

《关于加强平遥城墙保护工作的通知》
（山西省平遥县革命委员会文件，1979年。）

这次修缮也是中华人民共和国成立以来对平遥城墙的第一次修缮。在那个时代，这样大规模地对县城城墙进行修缮的情况屈指可数。当时的县革命委员会专门发文通知，认为"平遥城墙的维修工程是一项千年大计的工程，是一番造福于后代的光荣事业"，要求"内距墙根十米，外距城墙马面二十四米为保护区，不得兴工动土"，"在上述保护范围内的现有建筑应自动迅速拆迁，正在修建的要立即停工并恢复原状，凡属紧附城墙或筑于墙头的建筑物均属拆迁之列。在此保护范围内的坟墓限于一月内迁走，否则按无主坟处理"。上述文件通知内容让我们感受到政府的决心和工作的全面的同时，也深深地感受到城墙当时的保存状况显然是令人担忧的，维修、修缮迫在眉睫。同时，文件中提到"城市规划"中确定的城墙内外保护区的规定让人眼前一亮，这种措施放在现在也仍然是基本处理手法，而当时平遥建设局的规划编制者当然没有专业基础，这种对待城墙古迹的敬畏是与生俱来的。文件中"城内所有清代以前古建筑物，未经批准，不得随意拆改"的条文在重点解决城墙维修相关工作的同时，不失关照城内古建筑的这种全局观和认识论也是非常科学和前瞻的。

1981年，平遥县革命委员会又发出了《关于加强古建筑和文物古迹保护管理工作的通知》，指出"为适应旅游事业的发展需要，开放古城势在必行"，"古城街道、铺面、民居等民族风貌，纳入总体规划之中"，"在近期城市规划中，要协同各有关部门，严格执行文物保护单位（包括乡村的古建筑）的保护区域内不准增添新建筑物，保护周围环境风貌"。这些内容与现代理念相当匹配，说明当时平遥的有识之士对文化古迹的认识，不是单纯就事论事的简单认知，而是已经具备了城市整体保护的萌芽意识，而且还关注到了乡村，这在当时非常不易、非常先进。这种对传统城镇价值的认识能提高到政府层面，而且变成政府的施政意志的情况凤毛麟角。这份文件的发文时间为 1981 年 5 月 10 日，也就是说在专家教授指导平遥"城市规划"之前，平遥政府（当时称革命委员会）就有这样的动作，非常先进，甚至还有点神奇。

从 1979 年开始的平遥城墙修缮工程，"从 1980—1987，从 1990—1993，先后 12 年时间，使用国拨专项经费 548.5 万元，以包工不包料形式，自己组织管理班子完成了计划"①。在城墙内外保护区范围内无偿拆除建筑物近 17 000 平方米，搬迁工厂、企业单位近 40 家。在第一期维修、修缮结束时的 1988 年，平遥城墙自然而然地被列入全国重点文物保护单位，成为仅有的 4 座"国保"城墙之一。从此以后的平遥城墙便逐步走上了有专门机构、专门经费、专门人员的常态化日常保护管理的发展之路，恢复了当年郭诚老先生描述的"自行车行驶在上面犹如上了公路"的状态，并于 1985 年左右陆续开放，接待游客。作为平遥较早开放的文保单位之一，平遥城墙成为全国古城墙保护的典范。古老的城墙焕发了新的青春。城墙内外飘荡着浓浓的生活和谐之意。

平遥城墙原有的防御和军事功能彻底终结之后，在新的社会形态之下，开始展现出无穷的文化魅力，向世界展示着

① 李有华《平遥古城维护纪实》。

20世纪80年代修复城墙
（李有华摄影。）

县城南门外景
（1987年，孟润生摄影。）

晨读

（1991 年，孟润生摄影。）

晨练

（1993 年，孟润生摄影。）

强大的文化力量。它代表着人们对所承载历史文化、历史信息的认可，也是后人敬畏和传承历史文化的一种方式。

对于这次城墙的全面修复，城墙周围的单位、企业和居民表现出了极大的支持和理解。涉及搬迁、拆迁的单位和个人无一例外地分文不取，积极配合，快搬快迁，工程进行到哪里，哪里的企业单位就及时腾退，居民个体积极踊跃地将拆用过的城墙砖送到维修工程部，为这座肩负使命的古老城墙添足燃料驶向未来，平遥人展现出的高尚风采令人感动。全程参与此次城墙修缮的工程师王国和多年以后每当讲到这个细节时，总是感慨万千，似乎有种持续不散的情结让他难以释怀。在这次城墙修复工程的组织、实施和与上级文物部门的协调，乃至改革开放新形势下平遥文物保护工作的全面展开中，原县文物局副局长李有华同志以及他的团队起到了举足轻重的作用。往前追溯，我们还应缅怀自 20 世纪 50 年代开始，以一人之力从事文物保护并对破坏文物的行动进行阻拦、呐喊的文物保护前辈李祖孝同志。这些同志和事迹应该被记载，值得被怀念。

对于这次城墙的修缮，平遥社会各界表现出来的热情度和支持力，是历经几十年的文化劫难之后，来自社会基层的文化认同和文化自信的回归，文化的形态从形式和心理上让平遥人有了很大的依附和重建，唤醒了寄存于人们心底的文化自觉和文化敬畏。

平遥城墙的历史轨迹，特别是历次使城墙重生的机遇和机会，让这座 600 多年的城墙重新焕发了生机。我们完全有理由认为，是历史和黄土对历代先贤为这座城的康宁所付出努力的奖赏与肯定。

1980 年代单位占用平遥城墙
保护范围图表

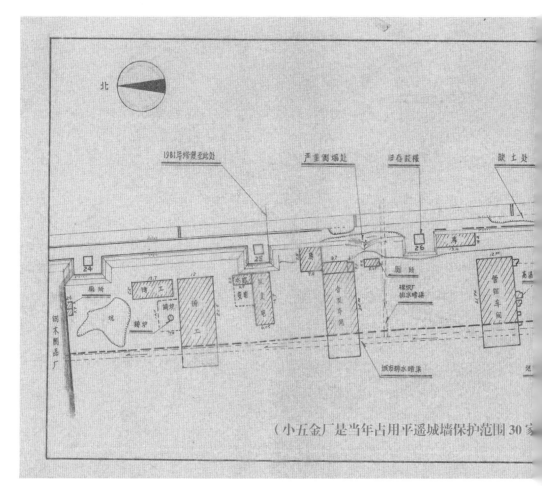

小五金厂占用保护范围的总平面图
（1980 年代初，《平遥县城总体规划》划定城墙内外保护范围时，在城墙保护范围内建设的各类单位及建筑物已有相当数量，尤其是西城墙外比较密集。此图是小五金厂占用保护范围的总平面图，密集程度可见一斑。本图由王国和提供。）

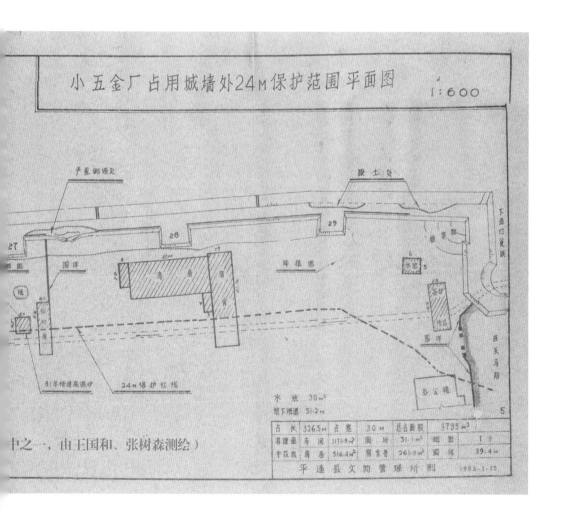

小五金厂占用城墙外24m保护范围平面图　1:600

（中之一，由王国和、张树森测绘）

平遥县文物管理所制　1982·1·15

平遥城墙内墙 10 米保护范围内占用单位明细

序号	城墙段	占用单位	位置	占长/米	占宽/米	总占地面积/平方米	总建筑面积/平方米	构筑物	腾迁时间	备注
1	北城墙	少年犯管教所	2—4号马面	151.5	10	1 515	593.3	围墙 24 米		
2		柴油机厂	19—25号马面	310.4	10	3 104	504.6	围墙 10 米、排水道 215 米		北城墙19号—西北角台
3	西城墙	棉织厂	26号马面—下西门瓮城	215.6	10.35	2 231.46	854.8	水塔 1 个、深浅井各 1 眼、排水道 45 米		
4		物资局	30号马面—下西门瓮城	45	2.15	96.7	96.7			
5		南城居民	41—42号马面	4.1	2	27.86	27.86	围墙 29 米		
6		南城居民	46—47号马面			2 385.3	852.11			
7	南城墙	南城大队	48号马面	66	37	244.2	126.4	围墙 63.5 米		
8		人民剧院	51号马面	64	5	320	160.3	围墙 44.7 米		
9		水利局打井队	南门瓮城西侧	26	18	468	274.5	围墙 9.3 米		
10		平遥第一中学	56—59号马面	72.8	10	728	156.8			
11		上东门内侧居民	上东门瓮城处				117.7	围墙 28 米、院心 81.9 平方米		
12	东城墙	清洁队	61—62号马面	90	10	900	105.7	围墙 10 米		
13		烈军属厂	63—65号马面	134.5	10	1 345	544.9	防空洞 83 米、围墙 20 米		
14		第二针织厂、供水站	点将台北				74.5	管道 45 米		

序号	城墙段	占用单位	位置	占长/米	占宽/米	总占地面积/平方米	总建筑面积/平方米	构筑物	腾迁时间	备注
15	东城墙	第二针织厂宿舍	68—69号马面	132	5	660	329.9	围墙25米		
	墙内小计			1 311.9	129.5	14 025.52	4 820.07			

制表人：王国和　　　制表日期：2020年11月9日

注：1. 马面编号由东北角台为0号往西延续。

　　2. 本表根据1982年王国和、张树森测绘的平遥城墙保护范围占用单位图册列表制作。

平遥城墙外墙24米保护范围内占用单位明细表

序号	城墙段	占用单位	位置	占长/米	占宽/米	总占地面积/平方米	总建筑面积/平方米	构筑物	腾迁时间	备注
1	北城墙	北城大队	东北角台—西北角台全线长1 471米	1 400	30	42 000		北城科研队种地、育种育苗		
2		汽车修理厂	20—22号马面	108	27.5	2 970	126	烟囱1.2平方米、围墙28.4米		
3		钢木制品厂	22—24号马面	107	28.5	3 049.5	45.5	围墙13.3米、门1座		
4	西城墙	小五金厂	24—29号马面	326.5	30	97 95	1 981.3	烟囱1个、围墙39.4米		
5		西城车马店	30号马面	43	41	1763	283.1	围墙40米		
6		食品公司	下西门瓮城—31号马面	74	27.25	2 016.5	258.05	围墙34米		
7		52972部队	31—39号马面	486	29	14 094	1 577.45	种植地2 780平方米、家禽窝110.72平方米、围墙140.5米、水塔1个、水池2个、深井3眼、下水道、管道		

序号	城墙段	占用单位	位置	占长/米	占宽/米	总占地面积/平方米	总建筑面积/平方米	构筑物	腾迁时间	备注
8	西城墙	社队企业局	上西门瓮城—41号马面	66.8	42	2 805.6	464.3	围墙52米		
9		矿业公司	41—42号马面	148.3	28.4	4 211.7	233.4	围墙40米、浅井1眼、种植地1 400平方米		
10		广播站宿舍	53号马面	18.6	2.2	40.92	32.4	围墙6.4米、水利局渗井1米、污水渠17米		
11	南城墙	南城9队车马店	南门瓮城西侧	40.8	33.5	1 366.8	128.3	围墙36.5米		
12		南城居民	南门瓮城处	16.2	14.4	233.3	121.9			
13		南城5、7队打场	54号马面	128.5	27	3 469.5	113	粪坑80平方米		
14		平遥第一中学	56—59号马面	257.3	28.7	7 384.5	320.2	种植地5 040平方米、打场1 500平方米		
15	东城墙	城关镇童袜厂	61—62号马面	101.8	28.8	2 031.8	856.9	围墙68米、污水道35.6米		
16		城关镇兽医院	63—64号马面	70	26	1 820	140.6	围墙95.5米		
17		供水站	点将台顶	56.4	29	1 635.6	182.9	围墙78.6米、人行道1个、暗营道		
18			点将台南	49.3	18	887.4	123			
墙外小计				3 498.5	491.25	101 575.12	6 988.3			
合计				4 810.4	620.75	115 600.64	11 808.37			

制表人：王国和　　　制表日期：2020年11月9日

注：1. 马面编号由东北角台为0号往西延续。

　　2. 本表根据1982年王国和、张树森测绘的平遥城墙保护范围占用单位图册列表制作。

规划的价值

从某种意义上讲，《周礼·考工记》可以理解为我国城市规划的开山鼻祖。封建社会制度下的"规划"政策以儒家观念为主线，兼容并蓄各种思想理论，在城市文化的框架之下，结合风水原理、五行学术、阴阳平衡思想等传统生存哲学，制定了封建社会时期上至皇城，下到府、州、县，乃至乡村的选址、布点、建设等的程序和内容。通过千百年间漫长的实践、提高、完善，伴随着社会的进程，形成了一整套从宏观、中观到微观的营建思想理论和实用规则，用以指导规划、规定各地府、州、县城乃至民间院落、水系、路网等的建设布局和等级。

这套理论和规则综合了多个互相支撑、互相渗透与交叉、互相依存的文化系统，从而形成人与自然和谐相处的天人合一的哲学观、发展观和生存观。这套系统中既有刚性的要求，更有与各地气候条件、自然地形、文化习俗、生活习惯等融合的方法和技巧。深得要领者，会在不同的自然、社会、经济、文化等背景之下，巧妙灵活却又不失规矩地娴熟使用这套理论，使得在这套看似僵化的城市建造理论系统下建造出来的城市、村镇既有章可循，又因地制宜。故在中华大地生长出了无数具有不同地域风采的城镇与乡村，面貌格局无一雷同，但一脉相承。这些城镇或乡村文化根基深厚、人居环境科学，使其留存至今，有的或已千年之久，而且相当大一部分比较"健康"，仍在被人们使用，成为后人研究和学习中国城市规划和营建思想的巨大宝库。

一、理解城市规划

如果我们跳出现代城市规划专业的技术视角，而是从社会、人文、经济的视角去理解城市规划的价值和作用的话，它应该是通过对一地经济、社会、自然、历史文化等诸多方面进行深入了解并结合当时社会发展的阶段，对目标城市未来一定时段内发展、建设的具有前瞻性的总体安排和布局。所以规划编制团队一定要由多种相关专业学科人员组成，从多维度切入并展开工作，通过对社会阶段发展的预判和对历史、经济等因素的全面分析，经过各专业综合分析、科学论证和充分讨论，确定城市发展的内涵、路径以及技术措施和发展节奏，并在此基础上全面梳理，除了安排城市建设的空间格局等专业内容之外，还应该提出城市发展的主打经济类型。这样得出的规划核心思想，大概才能发挥对城市未来发展的指导作用。城市规划还需要在城市发展过程中给予动态跟踪服务和研究，做到不断完善和改进更新，使其价值和作用得到充分体现和发挥。所以认真地说，要完成一个合格的、有价值的、在未来发展中具有科学指导性的城市规划成果，对编制者或编制团队的综合素质要求是很高的。

改革开放初期正是城市经济高速发展的酝酿期，各地都在纷纷编制城市规划，以引导和指导城市经济、建设发展的方向。但是，在那个年代，这方面的人才简直少而又少，各大院校的专业人才非常有限。加之那个时期计划经济尚在运行，市场经济刚刚出现萌芽，地方城市规划队伍的专业能力无从谈起，更别说综合素养和多专业综合。中小城市乃至县城的城市规划队伍对城市的认知，还处于"识字""扫盲"阶段。所以，面对这样一个关联众多专业门类的城市规划工作，要对城市未来做出预测和科学安排，对于这个阶段的规划工作者而言，成果要求显然远远高于其自身能力素养。所以，当时规划工作走过一些弯路甚至存在错误，其实一点都不奇怪，属于相对普遍和正常的现象。同时，如果用辩证的眼光去研究和看待这个时期的规划成果，也许能对丰富现在的规划理论有所帮助。换个角度看，当时背景之下的规划成果，是折射时代社会价值观和发展观的标本式存在，非常难得，非常珍贵。

二、县城总体规划

关于平遥县城的发展设想，20世纪50年代末期曾有过依托火车站、太三公路向城西拓展的安排，并且已有一定的实施。形成城市规划概念的总体规划编制，早在1976年开始起步，时为平遥县建设局成立的第二年，比党的十一届三中全会的召开还要早，而且是由非专业人员编制，所以编制方法与目标的"先进性"和"科学性"当然不能以现在比较成熟的思考和方法去评价。看人、看事情、看问题，能从当年的情况出发，就能多点理解和宽容。当时编制组的同志甚至连城市规划所要解决的一般问题也没有接触过，仅仅是凭自己对县城发展的想象，结合当时社会中的普遍做法来进行工

20世纪80年代初某年春季的西大街西段景象
（居民日常出行，以自行车和步行为主，机动车辆较少。图中的物资局和棉织厂办公楼是依据当时规划建设的"现代化城市"建筑。由于季节的原因，行人较少，街道略显宽畅。本图由郭保旺提供。）

取直后的下西门瓮城
（20世纪80年代，取直后的下西门瓮城还砌做了非传统拱形城门，也许是在保留城门的符号，同时也保证了城墙的整体连贯。）

城墙西门的豁口

（20世纪80年代初，拓宽西大街时，城墙西门打开了豁口，熙攘的人流充满了生活气息。）

作，故此，编制者本人对自己所出的"成果"自然心中没底。当时任建设局副局长张俊英领导下的规划编制"五人小组"（王中良、张平武、张风平、王国和、张树森）将历时近四年（1976—1979年）编制的"初稿"（内部称"一稿"）拿到当时晋中行署建设局的规划队时，他们一来希望得到帮助、指导，二来汇报工作成果。事实上，即使上级队伍介入，但由于其专业性不足，其核心自然是具有时代特征的"旧城改造"的套路，如将县城内现有东西大街拆迁拓宽改造为22米，道路两侧新建楼房，以展现"现代化"城市的味道。这个方案的得意之处大概便是拓宽后可布置两个当时流行的"十字街"。此方案（"二稿"）在当时已基本获得认可和通过，恰逢1977年平遥城遭遇百年不遇的洪水灾害，县城的损毁也亟待修缮，便在"二稿"规划的指导下，开始了道路拓宽和街景改造工程，下西关到沙巷口的西大街段于 1979—1980 年率先进行。首先，将洪水冲毁的一些单位临街建筑进行了重建，包括城墙内的物资局和棉织厂的办公楼、城墙外的五金厂和食品公司等单位的办公楼；其次，是对下西门的处理，比较简单，直接将瓮城直线打通，去掉城墙门洞而形成一个宽约十几米的开口，由此构成了"现代化"的城市街景。幸运的是，平遥县城在此规划指导下的旧城改造到此为止，对县城的破坏性建设比较有限。

20 世纪 80 年代初期开始，全国逐步掀起了城市建设的浪潮，当然平遥也努力"积极向上"。加之平遥在遭遇洪水淹城后建设改造的需求尤为明显，城市规划的重要性比较突出。就这个时间节点，榆次亦为谋求发展，聘请同济大学师生帮助做城市规划。平遥得知这个消息为 1980 年秋，建设局时任技术组组长王中良同志带着经地区规划队指导编制的县城规划的二稿成果向同济带队老师阮仪三教授请教，希望他给予指点。阮仪三教授非常乐意帮助做此工作，回校后向学校及院系专家领导作了汇报，并且就如何做好平遥城市规划得到了陈从周教授的具体指导意见。之后阮仪三教授带队于 1981 年 8 月到平遥，对平遥县城总体规划进行帮助指导，"经过半个月的日夜奋战"[1]，从理念上对原来的"旧城改造"思维予以调整，在技术层面保留了城墙内外绝对保护区的划定，重新确立了"保护旧城，建设新城"的总体规划思想，同时确定了城南为新城建设的区域。

由于仅仅是"经过半个月的日夜奋战"的成果，故而编制的规划不可能是整套成果，难免不全面系统，甚至有许多欠缺。然而，单说"保护旧城，建设新城"这一当年梁思成先生为北京城提出的设想能在平遥县城总体规划中确立，并

[1]王中良《平遥古城申遗记忆》。

成为县城总体规划的核心价值和主题思想，可以说这是平遥的福报。对于平遥来说，这是历史性的，确实是改变平遥县城走向的关键性一步。从思想上、理论上、战略上将"保护旧城，建设新城"这一理念和方针落实到县城总体规划中，无疑是平遥未来发展方向和战略上的重大调整。

发展路径和逻辑的重新确立，使平遥开始走上了一条通向全国、全世界的光明但又无比艰难的保护和发展之路。然而，平遥的与众不同就在于当时的县委、县政府及相关部门在县级财力极其有限的条件下，毫不犹豫地接受了这样一个对未来没有任何经济发展预期，纯粹尊重历史、尊重科学的历史性选择。这个选择是平遥县政府的承诺和担当。难得的是，历届县委、县政府都有对历史和一方土地负责的精神，能为这个艰难的选择一以贯之地努力坚持、坚守，实在是平遥的神奇！

平遥并不是、也不可能是仅仅靠着理念和思想的先进就踏上了坦途而一帆风顺地有了今天的成绩。任何领域，包括城市建设、科学的思想和路线，如果要在现实的发展进程中得到实现，绝不是单一因素和条件就可以支撑的。再高明的外科医生要做个简单的手术尚且需要麻醉、术后护理等相关专业的无缝对接，这样才能体现出主刀者的技艺高超。况且平遥县城总体规划编制的过程，同时也是城市建设发展的过程，城市建设根本不会停下来等规划的编制。1981年确定了平遥县城新的保护与发展策略之后，从开始规划编制到省政府批复（1985年），历时五年之久。当然，在这个时期城市的发展建设是没有停顿的。

应该相信，当时的县委、县政府放弃"旧城改造"，接受"保护旧城，建设新城"的思想认识是朴素、单纯、真诚的，是对历经沧桑的县城充满敬畏的，是对历史、文化及科学规划无比尊重和真心拥护的。但是在具体实践中，由于时代和各种条件的局限，在具体细节上的认识不会始终一致，步调不会完全统一。值得庆幸的是，历届县委、县政府把这个科学规划的接力棒，一代又一代地进行了传递，将一个完整的平遥旧城交给了新的世纪，成就了"高能"的外科大夫和麻醉等相关专业的默契配合，包括"术后"恢复的精细调养，如此，平遥城的保护和发展成为了城市保护和发展中的经典。

"保护旧城，建设新城"的思想，不论是当时的专家教授提出的，还是后来平遥人民长期实践的，今天回顾总结，尽管尚存在诸多该完善和补充的空间，但从大的城市结构布局和发展定位上去判断，无疑是正确的，是得到了社会和历史认可的，值得记录，值得纪念。

回顾历史，由同济大学师生帮助平遥做县城总体规划这件事情的肇始及科学规划理念的确定，以及被当时县委、县政府的认可，已经完全超越技术层面的意义，而是给平遥质的飞跃再次播下了种子。期间王中良同志为使规划"合理"的"学习请教"之举，无意间使得平遥与同济大学"结缘"，可谓平遥的福报。

三、名城保护规划

新版县城总体规划于 1982 年 1 月 12 日经平遥县七届人大第二次会议审议通过。经阮仪三教授协调，1982 年 2 月 20 日（农历正月初五），时任副县长徐永涛赴京前往当时的国家城建总局，向高级工程师郑孝燮汇报，这版规划得到了完全认可。同年 8 月 13—18 日，郑老在平遥考察 5 天。此次考察，县城的古色古香和保存的完整全面，给郑老留下了极为深刻的印象，他对平遥提出了建议和要求。"郑老的这些意见和建议对平遥后来的发展（成为国家历史文化名城和世界文化遗产）起到了积极和有效的作用"①。确实如此，在郑老考察之后的鼎力推动下，平遥的命运便不断地发生着深刻而且影响深远的转变。

首先是在 1983 年 10 月，尚未被公布为"国家历史文化名城"的平遥便作为非名城的唯一代表应邀参加了"全国中小历史文化名城保护和建设研讨会"；然后是在全国政协六届一次会议上，郑老联名吴良镛、侯仁之、罗哲文等全国著名专家学者向会议提案（第 731 号），"请国务院公布第二批国家历史文化名城名单时，其中上海、福州、平遥（山西）更应优先公布案"。如此，在郑老的关注下，1986 年 12 月 8 日，国发〔1986〕104 号文件公布平遥为历史文化名城。一个地方小城跨入了国家层面的行列，成为了名副其实的山西"唯二"（大同和平遥）的"国家队成员"。

进入"国家队"，毫无疑问提升了平遥的整体地位和影响力。由于名城公布是在 20 世纪 80 年代中后期，经过国家改革开放政策的推动，经济建设为中心的总体方针走过了初期的酝酿，平遥城市建设发展正处于起步发展期，各种建设发展需求整体发力。虽然县政府采纳并执行了"保护旧城，建设新城"的策略，但毕竟在当时，平遥可以用于城市建设发展特别是新城建设的财力实在是太微小了。所谓的新城区基本是没路、没水的"田野式"城区。发展项目当然更愿意在旧城内改造进行，因为成本较低；而且大家又都在城内居住、工作、生活两便利，故保护与发展的矛盾、纠结从此开始在

① 王中良《平遥古城"申遗"记忆》。

平遥纠缠多年。在保护旧城这个大前提下，出现了"原汁原味"保护、保护不能影响发展、强调"风貌保护"等多种声音，各方都引经据典，言辞凿凿，各种争论一时间此消彼长，不分高低。

西郭家巷
（照片中的景象在当时春暖之季及雨后的街巷中比较普遍。冬季冰雪融化，道路泥泞难行，少数"勤快"之人在自家门前垫土甚至堆垃圾，以防别处"泥水"侵入。众人仿效，多年反复，路面不断被松软的渣土抬高，稍有水浸便呈现出图中"水泥路"景象。这当然是管理的缺失所致，自然也成为政府改善基础设施的重要工作。1989年，孟润生摄影。）

有了历史文化名城的影响力，在名城批准前后，尤其是批准后的几年间，由于郑老等专家学者的推荐和宣传，各界的专家学者纷纷到访平遥。专家眼中的平遥，犹如一颗明珠闪耀着光芒，一位国际专家曾题词"平遥像太阳"，令人记忆犹新。随着国际知名度日益提升，对平遥保护的要求和标准也越来越高。专家教授对平遥的赞美之词和对未来的畅想，一方面感染着平遥领导和各部门的同志；另一方面，时代在发展，群众工作、生活条件改善的需求也考验着平遥。平遥城内街巷过去均为土路，一到雨天泥泞不堪，无法行走，大家戏称为"水泥路"；平遥还因平时尘土飞扬，被称作"平遥土城"。当时，平遥县城的机关、学校及居民大部分均在城内居住、工作，所以，旧城内的道路等基础设施建设的呼声一浪高过一浪。平遥财政捉襟见肘，旧城内的老账都难以应付，基本无力顾及新城建设。往往是听完专家的赞扬心潮澎湃，回到现实条件又心有余而力不足。

同样是在这个阶段，城内一些单位、部门，包括少数个人，改造办公和居住环境条件的需求也逐步明显。所以，20世纪80年代中后期到90年代中后期，是平遥"保护旧城，建设新城"理念在实施过程中最艰苦的时日。当时，历史文化名城的呼声在业内十分响亮，政策资金却几乎为零，故而保留外观或与"古城风貌相协调"的"新建筑"时有出现。持续博弈的时光，可谓"熬汤见骨"，当时建设部门听到最刺耳的语言就是"不协调建筑"的出现。对于社会大众来说，在保护动力和措施、资金不足时，生产、生活的改善却是眼前最为现实与迫切的需求。这成为那些岁月中保护旧城最头疼却又无法回避的现状。"理想总是很丰满，现实总是很骨感"，这话放在当时平遥城的发展中非常合适。在这样的岁月中煎熬，专业的情怀和"遥远"的理想对生产、生活"现代化"发展和改善诉求的抵抗力是有限的。但是，平遥人始终没有放弃接受理想的召唤。在这些岁月中，最基层的名城保护工作者多么希望全社会的人都能成为专业人士而单纯地热爱古城呀！

就在理想和现实之间徘徊挣扎的时日，名城公布的两个月内，根据上级安排，山西省城乡规划设计院李锦生项目组便开始了《平遥历史文化名城保护规划》（以下简称"《保护规划》"）的编制。这个历时 3 年的《保护规划》所确定的"全面保护，合理利用"的方针对于以"保留风貌"为主调的发展观点来讲无疑是从理念上的不支持。所谓"全面保护"，通俗地理解就是"不能动"。这个理念，业内专家认识一致，表示应该。该规划获得了 1991 年国家规划设计类二等奖，以表彰这个规划编制的先进性以及对平遥历史文化名城保护的针对性，认为"全面保护，合理利用"的方针符合平遥的历史文化资源条件和保护发展的目标。

如果说"全面保护"旧城尚存有一定学术争议，那么《保护规划》中"全面保护，合理利用"的确立便从学术层面上升到了公共政策阶段。这样一来，在 20 世纪 90 年代前后，原本有意在原址发展改造的项目，开始在"田野式"的新城区选址建设，新城区曙光街、康宁路逐步形成。由于单位外迁时，一般同步配套建设职工宿舍，新城区开始有了人气。至此，"保留风貌"给旧城"全面保护"的压力逐步释放，特别是不少居民住宅、机关、学校外迁，带动了新城区的发展，让平遥旧城的保护走过了认识期、痛苦期甚至"斗争"期。在《保护规划》全面保护思想的推动下，平遥真正全面开启了"旧城旧到底，新城新到家"的实践，风貌协调的思维观点随着新城区的启动而逐步消失。

客观地评价《保护规划》的历史作用，除去学术层面的意义，从实用层面上看，它有机地完善和充实了"保护旧城，建设新城"的思想理念，是这个策略的技术和政策的细化、深化，从而组成了与"保护旧城，建设新城"的一体逻辑和理念体系。而且《保护规划》文本在山西首开条文式陈述，直观且条理、实用。之后，这个条文式的规划文本成为首版《平遥古城保护条例》的基础内容，由公共政策提升为法律法规，发挥出它独特的作用和价值。

回顾在平遥县城保护和发展的历程中，两种规划思想的产生、技术和政策的出台及实现，深感不易，更深感幸运！"规"者工具，"划"者执行是也。幸运的是，当年社会流行的一句顺口溜"规划规划，纸上画画，墙上挂挂"，在平遥基本得到了改写。在平遥各界的同心努力下，"保护旧城，建设新城"以及对旧城"全面保护，合理利用"的规划指导思想，在平遥基本得到了全面实践。平遥这座充满使命的古老县城，带着传承汉民族文化的重任，艰难却又顺利地走向了世界。其中的甘苦，平遥人自知。有人常常会问起，在平遥保护发展的历程中有哪些经验值得推广介绍？平静地回顾平遥县城的成长历程，古往今来，似乎总有一股神奇的力量在推动着平遥科学地往前走。

今天，国内国外、业内业外研究其成功路径的版本众多，有的甚至几乎成为了"演义"。各类人士在多种场合，以各种视角、多种角度表述平遥城保护的成就或功绩。但是，历史会证明，归根结底是文化的力量在支撑着这座城的灵魂和精气神。在实际操作层面，我们坚信非功利的心态在保护与发展中的重要性，科学理念的选择和坚持才是基础和核心。

平遥当年的步伐，值得回味；平遥当下的步伐，值得反思！

建设的作用

"建设"一词的应用是非常广泛的，特别在当代，使用的频率和范围几乎可以延伸到任何领域。在建设前缀以"城市"，可能是中华人民共和国成立以来创造较早、含义较原始的词汇。"城市建设"起初当然泛指工程系列范畴，现在则包含物质和精神两重意义。

如果寻根问底，城市建设其实是文化建设。换句话讲，城市建设是城市文化意义通过物质空间的表达和传达，这种文化和物质的融合贯穿在城市的各种空间中，古往今来，概莫能外。旧时可能更深刻一些，毕竟"以物寄情"是传统文化的重要表达手段。

一、建设的内容

传统的建城次序和方式，不论从理论上还是形式上都与现在有着较大的区别。封建社会的城镇营建，把防御放在首位；然后是各类衙门的设立和建造，包括不同朝代的统治者认为可以灌输其治国理念的各类祠庙的建立；意识形态类的公共建筑在当时也比较受关注，自然崇拜、信仰崇拜、文化崇拜等场所也在官府建造之列；其他如学校、市场、住宅等大概就交于社会去完善了；至于公共服务类的市政设施，由于生产力水平处于自给自足的阶段，所以几乎很少涉及；但是农业水利、河流、桥梁以及关乎城（镇）生产、生活安全的事务也会由官府组织实施。

现代意义上的城市建设则是相对比较全面的，除了公共建筑、政府机关等的设立以外，相当大的比重是在城市基础设施领域的投入和建设活动。当然，城市基础设施这个概念所包含的内容，随着时代的发展总在不断进化和提升。最初的内容相对简单，由道路、上下水、供电、供热、公共绿地等，扩大到公共交通、社会服务、基础教育等。现今的城市基础设施的内容就更加广泛和全面了，像网络、安防体系，甚至文化、健身、博物馆场所等，大概均可纳入。初期的基础内容和功能在不断提升和改造，逐渐延伸扩大到精神文化领域，而且成为城市竞争力的组成内容。这样宽的领域自然不是一个政府部门可以全部实现的。总之，城市基础设施的内容和方式总是在发展更新，但让人们生活得愉快、舒适、安全、便捷的基本功能是始终如一、不会改变的。如今的城市基础设施已经发展成为一个多层级、多方位的立体综合系统，物质和精神两大领域互相促进、互相渗透，逐步演化成为城市的综合素质和气质的基本支撑。

二、建设的成绩

平遥的城市建设包括的内容非常繁杂，随着时代的进程也在不断更新和完善。如果我们把时间限制在1975—1995年，即平遥在"保护旧城，建设新城"的理念之下成为历史文化名城前后，在旧城保护和新城发展的起步阶段，财力非常有限的条件下，是如何在提升居民生活环境的同时兼顾新城建设的？更重要的是，当年这些城市道路、上下水及住宅等基础建设工作和工程，给我们留下了什么样的记忆和思考呢？时任建设局办公室主任王忠同志的工作笔记大致展示了当时建设主管部门在城市建设方面的成绩和工作的重点，为我们的研究和分析提供了真实的原始素材。

平遥县城建成区面积统计（1980—1995 年）

年份	面积 / 平方千米	备注
1980 年	4.2	旧城面积 2.25 平方千米
1985 年	5.37	
1990 年	6.06	
1995 年	7.26	

资料来源：根据王忠同志笔记整理。

住宅建设情况统计

项目	1982—1990 年			1991—1992 年		
	面积 / 平方米	投资额 / 万元	住户 / 户	面积 / 平方米	投资额 / 万元	住户 / 户
单位公房新建	101 290	3 545	2 025	67 526	2 363	1 350
城镇私房新建	121 771	4 262	2 435	81 180	2 841	1 623
合计	223 061	7 807	4 560	148 706	5 204	2 973

资料来源：根据王忠同志笔记整理。

1985—1995 年平遥财政收入与城市维护费支出

年份	财政总收入 / 万元	城市维护费 / 万元	备注
1985 年	1 661	50	占预算的 76.92%，比上年增长 35.86%
1986 年	1 615.8	103.8	
1987 年	1 738.8	67.2	占预算的 89.24%

年份	财政总收入 / 万元	城市维护费 / 万元	备注
1988 年	1 839.2	48	
1989 年			
1990 年			
1991 年			
1992 年	2 853	93	
1993 年	3 452	104	占预算的 83.37%
1994 年	4 444	142	占预算的 94.04%
1995 年	3 924		

资料来源：表中所列数据由《平遥财政志》摘录整理。

平遥县城镇道路建设一览

年份	道路长度 / 米	道路面积 / 平方米	下水长度 / 米	上水长度 / 米	投资额 / 万元	起止地点
1978 年			1 097		6.41	沙巷北口至北城墙外
1979 年	500	6 600	500	500	7.16	沙巷北口至西关大楼
1980 年	300	3 600	300		7.23	柴油机厂门至沙巷北口
1978—1980 年小计	800	10 200	1 897	500	20.8	
1981 年	560	6 720	560	560	15.1	百货大楼至种子公司
1982 年	1 051	7 700	1 051	1 051	34.8	沙巷北口至大十字，大十字至南大街鸡市口
1983 年	945	5 686	945	945	23.45	沙巷北口至西石头坡巷西口，西石头坡巷，马圈巷，马圈巷南口至照壁南街北口（县政府）
1984 年	1 233	10 571	1 791	1 495	40.79	东大街至东关街，南大街鸡市口至南关柳根路
1985 年	1 580	9 266	1 740	1 580	47.57	上西门街至南门头街，西湖井街至沙巷街
1981—1985 年小计	5 369	39 943	6 087	5 631	161.71	
1986—1987 年	515	18 750	1 974	700	82.87	1986 年，火车站到下西关十字口；1987 年，下西关十字口至上西关十字口
1988 年	890	16 312	1 070	890	26.54	

年份	道路长度/米	道路面积/平方米	下水长度/米	上水长度/米	投资额/万元	起止地点
1989 年	1 010	6 804	1 184	1 270	50.2	雷家园、城隍庙街
1990 年	557	4 947	1 506	1 092	82.08	北大街
1986—1990 年小计	2 972	59 273	5 734	3 952	241.69	
1991 年	3 090	56 157	4 968		163.28	顺城路、曙光街、城南街
1992 年	750	3 485	808	800	43.75	站马道街
1993 年	1 305	11 571	861		119.56	上西关街（城门至顺城路）、照壁南街、康宁街南端、东河湾排水道、郭家巷公厕
1994 年	917	10 049	657	3 354	212	下西关街、米家巷、小察院上水、柳根路、康宁街、曙光路
1995 年	3 380	49 934	3 221	1 578	745	中都路、南关街（纺纱厂医院）、北巷（个人集资）
1991—1995 年小计	9 442	131 196	10 515	5 702	1 283.59	

资料来源：根据王忠工作笔记整理。

新城区建设成就一览

街道名称	长度/米	宽度/米	面积/平方米	上水长度/米	下水长度/米	投资额/万元	备注
顺城路	1 650	人行道14	人行道14 000				
曙光街	1 495	18	26 820			97	1991 年
城南街	950	12	11 400		950		1992 年
柳根路	1 960	10	19 600			38	1991 年公路段建
南关街	280	12	3 360				1984 年南门至铁路
南关街南路	740	7	5 180		1 480（明渠）	13.8	1989 年由政府组织中长厂等单位集资建
古城街	512	7	3 884		448	13	1989 年南城集资建
迎春街	250	5.5	1 375			3	1989 年计委等单位集资建
东关街	260	5	1 300			10	1988 年
西关大街	835	12	10 020				1984 年

街道名称	长度/米	宽度/米	面积/平方米	上水长度/米	下水长度/米	投资额/万元	备注
康宁街（北路）	230	8	1 840			6	1993年南城大队自建
上西关街	440.45		人行道2 562，车行道4 269		373.5	43.39	1993年
顺城路					112.3	4.79	1993年构通
车站广场	583		2 744		94	23.98	1993年
康宁街（南）	228		1 900			6.5	1993年南城自建
下西关街	617	12	7 119		617	76.26	1994年重新改建
下西门停车场			875			6.17	1994年新建
南关街（中长医院至汾屯线）	284		1 769		284	15.73	1995年建
中都路	23 30.8	18	42 000		2 330.8	595	1995年改造（太茅公路）
顺城路南端	218		1 402			4.51	1995年改造（汾屯线）
合计	13 863.25	158.5	186 288		6 689.6	957.13	

资料来源：根据王忠工作笔记整理。

旧城区建设成就一览

街道名称	长度/米	宽度/米	面积/平方米	上水长度/米	下水长度/米	投资额/万元	备注
南大街	738		3 764	738	738	89.71	1982年大十字到鸡市口，1984年鸡市口到南门
北大街	557		3 063	1 091	806	80.04	1990年
西大街	861		4 392	861	816	80	1979—1980年
东大街	871		2 855	571	571	60	1984年
政府街	292		1 521	292	292	25	1983年
城隍城街	570	7.3	8 100	1 230	1 148	50.2	1989年

街道名称	长度/米	宽度/米	面积/平方米	上水长度/米	下水长度/米	投资额/万元	备注
雷家园	339	7	2 450		339	50.2	1989 年
沙巷	736		3 680		736	35	1985 年
石头坡	174		612		174	20	1985 年
马圈巷	375		2 250		375	20	1983 年
西湖景街	175		700			12	1985 年
上西门街	452		2 488		452	51.2	1985 年
书院街	231		1 202		231	10	1985 年
真武庙街	379		1 565			3	少管所自建
西南门头街	296.5		1 482			12	1985 年
站马道街	736		4 272		736	55	1992 年
照壁南街	282		2 000		282	20.69	1993 年重新改造
米家巷	180		443			2.75	1994 年混凝土块铺装
小察院街	120		462			3.02	1994 年混凝土块铺装
北巷	201	3	603			2.36	1995 年群众集资铺装
上西门街	420		2 356		423	29.58	1996 年建，包括门外一段
仓巷	276		1 160		257	22.2	1996 年建，六角块硬化
西巷	250	3	750			10	1996 年西城村委建混凝土块
观巷	125	4	500			8	1996 年东城村委建混凝土六角块
路吉巷	100	3	300			3	1996 年北城村委沥青
西大街	1 450		1 900			36.38	1996 年更新路面、大十字至西关十字
红园巷	175	3.5	612			10	1996 年西城村委硬化
合计	11 361.5	30.8	55 482	4 045	7 638	661.42	

资料来源：根据王忠工作笔记整理。

三、建设的分析

常态的城市建设或发展是一个周期较长的发展过程，正常的发展或变迁，无论古今均是比较缓慢的生长机制。期间如果发生一些重大事件，往往会促进变化的加速，或迁址、或重建、或发展方式和走向的调整。1977 年百年不遇之洪涝灾害，对平遥县城造成了一定的损毁，又逢改革开放、经济发展的历史机遇，县城基础设施的建设成为平遥建设局的重要工作之一。

旧时代留下的平遥县城的格局、街巷、建筑以及各种空间和公共设施是与当时的生产、生活阶段状态相适应的，经过千百年的生长磨合，自成体系。时代的发展，社会的进步，再加上人口的剧增，以及生产、生活方式的变化（如出行方式），人们对于城市设施的需求发生了较大的变化，"黄土垫道，清水洒街"城市标准彻底过时。平遥从 1978 年开始对县城进行道路硬化和上下水管网的配套建设，并逐年持续进行，起初还包含依照"规划"进行"现代化"建设的"旧城改造"。尽管"现代化"的建设在沙巷北口中止了，但在财力十分有限的情况下，为适应生活需求的市政基础设施的投入并没有停止。今天回看这些表格中的数据，仅用艰苦的努力来描述当年的工作是远远不够的，还有一种精神在支撑着这座城负重前行。

从前文列表中，我们得到一个大概的时间分段，20 世纪 90 年代前后，平遥便开始了兼顾新、旧城基础设施的建设。和周边县城所不同的是，平遥由于人口增加的自然外溢和"新城建设"的有意推动，新、旧城两套市政基础设施的建设更具一定的难度。难度不仅仅来自技术和组织能力的有限，更来自"旧城保护"以及后来历史文化名城的要求，旧城内无法靠提高"容积率"来满足增加人口的居住需求，而需另辟新址，从零起步。除了建设成本的大幅度增加以外，让群众改变在城内居住的传统观念，也是一个无形的、艰难的，但却不容忽视的过程。

尽管从20世纪80年代后期开始，在旧城内道路硬化等配套设施持续进行的同时，新城区的道路等基础设施也起步建设，但是，直到20世纪90年代末，平遥县城生活、工作、生产的中心仍然没有完全与旧城隔离。再加之当时新、旧城的生活条件和设施水平基本相当，单从生活的便利度上衡量，旧城还明显胜过新城；又加上老居民祖产的牵绊、情感和文化的原因，以及城外建房成本的考虑，选择在旧城内居住的传统心理和客观现实仍然居于上风。这样，旧城内的各种压力，包括交通拥堵等情况，持续不减。在这种背景下，为了寻求新、旧城基础设施的平衡，减轻旧城的综合压力，新城的建设速度加快了。

旧城的配套建设和新城建设，尽管功能相同，但意义却大不相同。对于旧城，是改善和提升居住条件；而对于新城，则是吸引人口外迁，用以安置城内饱和的人口，从而缓解旧城压力，实现名城保护要求。所以，20世纪90年代前后，已经有相当数量的城内居民和历年分配的在县城工作的大中专学生在新城区安家居住。

为进一步带动人口往新城疏解，并尽量减少平房建设，提升城市品质，1988年，县房管所在新城区康宁街东侧试验性地建设了28套两层商品住宅（总投资28.3万元，建筑面积为1690平方米，造价为120元／平方米，售价为183元／平方米）①。28套商品住宅在短时间内售空之后，

①王忠同志工作笔记。

于 1994—1995 年，平遥在晋中地区率先开始了商品房的建设（于城南开发住宅小区，计20幢多层住宅），并首先开始集中供热，建设配套幼儿园等，入住 400 户，平均售价为 700 元／平方米[①]。这个模式和价格在平遥持续多年，成为新城住宅建设探索和实践的先行之举。

①安锦才《实录平遥申遗》。

关于住宅建设，现在无法寻找到比较全面的统计资料和数据，让我们能有一个系统的研究与分析，仅能根据王忠同志工作笔记中的资料，对总数量、规模有个掌握，但无法对新、旧城分布及详细的建造年代有所了解。但可以确定的是，从 20 世纪 80 年代后期开始，由城内农民自建住宅开始的带有"自溢性"的人口外移，其实是真正意义上的人口疏解的起步，可谓新城建设的"先行者"。当然，由于当时的各种条件和基础设施的限制，包括文化情感因素的综合作用，这时农民的自建住宅大部分集中在留出城墙绝对保护范围的环城地带，应该还不是真正意义上的新城区，为平遥人当时自称的"南门外"（现已拆除改造为迎薰门公园）。随着这个区域的南城村民自建住宅，不少企事业单位也逐步在此区域大量建设住宅及少量办公设施，迈开了城外居住的先河，这对于改变人们城内居住的传统观念起到了非常积极的带动作用。

南门外首先出现农民自建房屋的原因，一方面在于南城村民集中居住的区域位于县城南侧，为县城发展历史较早的地段，建筑密集；另一方面在于当时城市规划确定的新城的发展空间也在城南。

所以，新城区康宁街两侧的住宅建设，也是 20 世纪 80 年代中期在县人民医院的新建、农民自建住宅的带动下，逐步开始由学校和部分单位集资建房起步的。20 世纪 90 年代初，甚至更晚的一点时间，学校及不少行政机关在新城区曙光路、康宁街开展建设，并自带职工集资建设住房，尤其是1995年前后好多学校外迁，真正带动并促进了新城区建设和发展的整体推进。1995年之后，新城区的道路等基础设施的建设加快了速度、加大了力度，初步开始了新城框架的搭设。

四、建设的反思

记忆中，1995—2000年这个时段旧城仍然维持活力，新城的面貌尚在创建阶段。于1995年11月开工建设、并于1997年秋开始使用的党政大楼使新城建设更加具有了带动力。新城的发展，从仅仅是人口消化、外溢、聚集，转向了城市功能的完善和提升，有了结构性的跨越。关于此时平遥旧城和新城的状态的实际情况，据有关数据、布局及亲历者的回忆，平遥旧城人口密度正在逐步趋向合理，人口结构也保持着相对合理的状态，生产和生活设施的便利度尚未受到太大影响，所以旧城的生活状态仍保持着基本的完整性和承上启下的延续性。在人口疏解一部分后，民间还萌生了一系列对于旧城将来如何居住的畅想和实践，而同时新城的基础设施也正在实现提升。这个时段可以说"新城旧城两相宜"。这种平衡的发展，呈现的是一种小县城特有的宁静、和谐的宜居感，加上浸润在平遥人的日常生产生活及人们的内心中千百年的文化积淀，使得这座小县城在优雅中透出的大气让人回味。

回顾平遥城市化的发展历程，20世纪80年代以前，生活、生产、政治、文化的中心毫无疑问是在旧城内，直至90年代末期，政治和行政中心，以及商业中心从旧城逐步转移到了新城区。城外居住的人们与旧城的生活关联度尽管有些减弱，但旧城内居民日常的生活需求，如购物、读书、就医等，基本不受太大影响，这种状况一直维持到21世纪初。

之后，平遥旧城内关于日常生活的商业、就医、读书等城市功能设施被有意识地、下力气地陆续迁走，这使得旧城生活的活力逐步消失。特别是从20世纪90年代末期开始，旧城各种功能外迁加速，加之21世纪初开始，旅游业兴起对旧城生活形态保留的冲击增大，使得生活气息消退，旅游业的"繁荣"逐渐成为主流且势不可挡。

20世纪90年代末、21世纪初的这种基本平衡、和谐两相宜的格局，是平遥在"保护旧城、建设新城"理念之下，在当时的时代实践过程中的一个必经阶段，是有意之下的无意之举，可谓过程中的自然现象。值得我们反思和总结的是，如果在这个阶段能够对"保护旧城，建设新城"这个战略的实施进行一个全面系统的中期评估和回顾，进行总结、反思，分析得失，并在评估、分析的基础上再对旧城保护有一个系统研究和目标设定，研究平遥如何保持新、旧城相互补充、相互促进之道，那么，平遥旧城保护发展的结果可能更加科学。遗憾的是，我们只管埋头苦干，一路向前，高歌猛进。一味地强调新城生活功能的提升和环境品质的吸引力，而忽视了旧城生活状态的保护和维护的研究定位和组织实施。

另外值得一提并需要反思的是，任何事物均具有两面性。以消失和消耗旧城生活状态，以旧城失去生活的原真性为代价而换来的"热火朝天"的旅游，仍然也由于缺乏科学理念的论证和讨论，自然生长乃至后来野蛮生长，放弃了、忘记了城市的本来功能和基本属性，致使旧城的生活气在不断丧失的同时，新兴的旅游产业也没有更好地把握住平遥的产品定位、形象等，被初级旅游模式无限牵引，使肩负传承汉民族文化标本使命的千年城池、城市在有意无意之中走向了一个仅仅为游客"走马观花"式观光服务的"景区"。当然这是后话。

说实话，仅从建设的这个维度上去反思城市发展、旧城保护的得失，似乎意义不大。因为建设的内容和方式，执行的是城市内涵理念之下的安排，折射的是城市发展的总体思路和发展方向或方式。由于平遥城市阶段性地对发展理念、发展状况的综合评估、研判长期缺失，再加之市场的推动作用，而且对市场的现象又无一定的符合本地文化、经济等因素的适应性选择，甚至还有讨好市场的行为，新旧城两相宜的短暂而脆弱的平衡便很快消失，旧城内各类设施的建设更是无意围绕生活的重心展开，只在做着"去"生活的"努力"，导致生活设施的持续淡化，让生活的便利度快速下降。

生活的烟火气和旅游的人气之间应如何寻求平衡，可能需要在发展的过程中不断思考和实践，而且需在设定的科学目标下不断完善。其实，旧城应既适应时代的发展，包括旅游的兴旺，又不失和不离生活的活力。就平遥而言，这并不一定是件难事，但需要在城市发展、提升、完善乃至旅游产业植入的全过程中，不忘不偏初心。

同样的道理，新城的建设发展也只是在总体规划的指导下展开的深入建设。由于没有对城市形象、功能定位的推敲和打磨，更没有在新城发展过程中寻求和旧城在形式、文化及产业上的有机联系，新城尚缺乏个性和特色，更缺乏产业的延展。

保护的基础

保护，是针对存世的一切有意义、有价值的物质或精神面对自然消失或人为损毁的情况而采取的思想行为或实际行动。

对于平遥而言，首要的保护当然是对这座经历千百年岁月沉淀的县城中一切有文化传承意义的各类建筑空间、精神文化、生活习俗、生活方式、历史环境等的全面维护和传承。一般认为，平遥城的保护是从确立"保护旧城，建设新城"的理念，抑或被公布为历史文化名城为起点的。其实，在这两件事情之前，对于这座城市的保护，平遥民间不少有识之士乃至政府管理者早有共识，且有实际行动。回忆平遥城保护的历程，直接从保护行为说起略显空洞，也略显苍白，理应先将确立保护策略之前的县城的留存情况有所陈述，才能更好地建立档案，以便溯源。

一、完整的留存

留存的本意是使事物持续存在、没有消失。留存的判断依据平遥城在中华人民共和国成立之时的整体基本完好的状态。而且，这种基本完好的状态一直保持到政府管理者对县城有了保护意识和要求的时段，故此，这便是讨论平遥县城保护的基础和原本。

平遥在明清时期有过一段有据可查的历史公认的辉煌经历，因商业经济高度发达，以致平遥在清中后期成为全国的金融中心，并建造出了文化全面、建造精美的县城。中华人民共和国建立之始，一直到确立"保护旧城，建设新城"策略、公布为历史文化名城，平遥城基本完整地留存了明清时期形成的城市面貌及生活风俗，城市街道、城墙、民用建筑、公共寺庙以及与县城体系相关联的城外的坛、观、寺、庙等设施和建筑都保留非常完好。

如果可以穿越回到当时的平遥城，我们不仅能看到完整的城市建筑和街巷，更心动的是，能看到在完整的传统城市中的各种生产、生活的场景和社会公共活动。当然，随着中华人民共和国的建立，新时代的各类学校以及新型机关的设立，人们感受到了时代的变化。这些内容有机地融入传统的城市空间之中，并不影响城市的风貌和气质，也不影响城市随着新时代的到来而进步，古老的县城在新时代的路上增添了新的发展活力，一种全新的时代风气弥漫在县城的大街小巷。这样，在新的社会体制之下相关公共服务和管理功能不断增加的情况下，从中华人民共和国成立之初到20世纪80年代的30年间，平遥对明清时代完善成型的县城有一个非常完整的留存。

所以，我们对平遥县城保护的基础和保护历程的研究回忆，应该在不忘前人对县城的完整留存的前提之下进行，才合乎历史规律与事物真相。为此，基于在整座县城有完整留存的前提下回顾平遥县城保护历程，本书将1975—1995年的旧城保护工作大体分为保留和保存两个阶段。

二、天赐的保留

我们大体可以依据当时社会状况将 1975—1985 年确定为旧城保护工作的保留阶段。保留，是使事物继续存在。那么，针对平遥县城的保留历程，就是在时代发生重大变化之后，在社会形态的发展中，仍然继承使用留存下来的城市空间和设施。这种保留在平遥的发展历史中，又大体经历了自然保留和理性保留两个阶段。

（一）自然保留（无意识保留）

这个阶段的明显特征是在社会的发展过程中，随时代进步发展的各类事业，包括工业，是在平遥历史县城基本完整留存的前提下进行的，对历史遗存的冲击不大，或者说新的社会发展是在尽量不伤害县城街巷格局、建筑空间、城市风貌乃至历史环境的前提下进行的兼容式发展。这是改革开放前后的一段特殊时期。经过中华人民共和国成立后二十几年的发展，国家实力已有了一定的积累，这一时期是社会经济大发展之前的酝酿期和萌芽期。这个时期，城内好多建筑与空间的使用情况与原来的功能、用途发生了较大的变化：门楼、牌坊、堡门等不少附属建筑被拆毁；有些为了新的使用功能而新建了较大的公共建筑，但不论从尺度、材料还是形式上，基本对旧城没有太大影响，属于可融入式新建筑；有些寺庙及城墙年久失修，自然坍塌；城外护城河淤塞排水不畅。但是尽管如此，整个城市的空间格局、街巷乃至建筑单体及院落等，都还有较好的保留。特别值得一提的是，在这个阶段，县城中"留白"的空地也有大量保留，实属难得。

1975 年，平遥建设局成立，其重要宗旨是要按照当时对城市发展的理解和时代生活的需求对县城进行建设、改造。再加上 1977 年平遥城经历了百年不遇的洪水灾害，而社会发展水平也使生活条件改善有了可能，新技术及新材料得到发展并开始普及，故此居民要求改善生活条件的呼声越来越高，几种因素叠加，围绕居民生活环境改善和城市发展建设的需求明显提升。在当时认识的局限性之下，在一段极短的时间内，旧城的保留面临着考验。这个考验虽然有些严峻，但由于时间极短，加之老百姓对于祖产的爱护以及其他积极因素的介入，"改造"旧城的思想和行为便很快停止。县城留存的完整性并未受到太大伤害，平遥城的空间、街巷、建筑等一切，还是得到了较好的保留。

历史地反观，当时为改善县城面貌而进行的"旧城改造"建设行为，事实上无意间进一步促成了旧城全面保护之路的展开，事情起头的抓手便是为了建设而开始编制的城市规划。关于规划编制及编制过程中的几稿变化，最后形成"保护旧城，建设新城"的整体策略。在"规划的价值"一节中已有记述。那么，从保护的视角回看这段过程，通过规划编制建立的对旧城从"改造"到"保护"的思想转变，使具有继承意味的无意识或潜意识的感性留存转变为目的明确、理念清晰的理性保留；"旧城改造"行为的停止和"旧城保护"思想的建立，虽然对于当时参与整个建设和规划工作的平遥人而言只是常态的工作路线发生了调整，工作方式出现了变化，当时也并不认为有多值得宣扬，更没有想到这样的出发所要到达的今天的样子，但是这个思想认识的转变伴随着规划目标方向的调整，在坚持数年之后，对成就平遥今天的状态起到了基础性的关键作用，可谓中华人民共和国成立以来平遥县城发展史上继城墙修缮之后的又一重大事件。这一重要事件是从科学思想理论的建立开始的，同济大学帮助平遥县城编制总体规划一事至关重要，有趣的是介入的方式却太有一种"神助"的意味了。

（二）理性保留（有意识保留）

"保护旧城，建设新城"思想的确立，使平遥县城保护由原来的无意识自然保留发展到了有意识（虽然是潜意识）的理性保留阶段。对县城的理性保留的起点，已经是20世纪80年代初。这个时候，也是改革开放政策发力的重要节点，社会各界对城市的"现代化"建设改造愿望及居民对生活条件改善的追求是城市发展的动力，但对平遥而言也是压力。一方面，日新月异的生活设施、新型建材和技术的面世，触发并提升着城内居民改善生活居住空间的冲动。新型的建筑形式和空间布局在当时可以让人们的居住环境更符合时代需求。另一方面，"保护旧城，建设新城"城市发展理念的确立，又要求县城进行保护，而在当时干部和群众对于保护的理解和注解的大概念就是"旧城不动"。

平遥提出"旧城保护"策略的时间，恰恰出现在技术和思想都在社会中发生深刻变化的节点上。一般来讲，专家学者、领导层面倡导的理性保留传统城市的理念或政策需要只有转变为社会共识、群众意愿，才能真正生根落地。为此，让保留旧城的理念深入人心并成为全民意识，必然需要通过无数有效的事件的促进、提升，才能换来这个意识在社会中的强化和普及，进而在日常生活、工作中得以贯彻，逐步变为社会行为。这个理想或目标一定不是一朝一夕可以实现的，而且努力的过程中必然会有争议、反复甚至是激烈的争议和反复。这是一种思维取代另一种思维的必然过程，况且涉及大量产权属于私有的房屋和宅基地之上的群众的日常生活。

再从当时社会文化导向方面回顾，保护旧城理念建立的时间点，是刚刚结束了"文化大革命"及长期"破四旧""破旧立新"的社会阶段，对传统文化的敬畏和爱护意识尚未苏醒。在社会中重新唤醒和传播保护传统文化及传统城市的思想，艰苦的过程是自然省略不了的。要将这种思想植入社会并生根成长，绝非仅靠专家教授对传统县城文化价值的宣传就可深入人心而变为每个古城居民的实际行动的。在刚刚度过长期传统文化消失期而转向以经济建设为中心的快速发展时期，又遇到新时代带来改善生活条件的全新技术和方法可以极大地提升和改善人们生活条件的起步阶段，让人们"固守"传统、"拒绝"进步，对于大部分人来讲是一种挑战和考验。

幸运的是，平遥县城的建筑由于过去建造得精美，再加上当时主客观因素促成的有意无意之间对县城的全面保留，1986年几乎被"保送"而跨入了国家历史文化名城的行列。关于平遥列入历史文化名城一事，其实早在1983年之际，国家建设部和文物局就从事实上确认并对县城的保护提出了相关要求和指导。荣誉的取得之日，便是使命的担当之时。为此，国家建设部和文物局等部门的领导和专家高度关注和关心，对平遥的保护工作进行常态化促进和帮助指导。平遥的知名度和影响力与日俱增，同时名城意识在平遥大众的思想中也开始建立并逐步提升。

坦诚地讲，平遥县城能有保留阶段的成绩，除了平遥人祖辈爱惜物业、勤俭持家的传统文化思想，当时房屋质量足以满足持续的使用，且当时阶段新技术给社会的选择有限以外，传统生活方式和文化状态的惯性也是重要原因。另外，从 20 世纪 80 年代初开始的城内空地和南城墙外农民自建房屋的兴起等，都促进和保证了"旧城保护""名城保护"政策初期的有效落实。人口密度和经济条件的制约，以及产权的多元，无意中也有一定的反作用力。总之，上述种种原因和条件，使这个时代的县城被完整保留下来具有了一种无意识的天赐意味。

三、艰难的保存

1985—1995 年，为平遥县城的保护历程中的保留、保存、保护三个阶段中的保存时期，可以说是承上启下的关键时期。

如果说留存、保留是无意识的自然而然，那么保存就是在意识清醒下的有意之举，而且往往是有一定难度的行为才可以称之为保存。平遥县城经过保留过渡阶段，随着时间的推移，进入改革开放酝酿期之后的全面实践的岁月。经济起飞在即，保存旧城必然会面临新的问题。

（一）保存时期的时代背景

在经历了大致靠政策和理念的宣传，再加适度的空地新建住宅的引导，便可基本实现"旧城保护""名城保护"的"轻松"时代之后，平遥进入了压力较大的时段，即理念清晰的保护要求之下的 1985—1995 年。这个阶段，由于改革开放的推动，社会的发展多元而强劲，"旧城改造"一词在各地的城市发展中频繁登场。而此时，平遥正处在历史文化名城的公布开始时期，旧城全面保护已不单纯是城市规划中所确定的自我要求，而是国家赋予平遥的责任和使命，但由于完全属于一种全新的工作要求，政府对于县城实施全面保护的行政组织能力、财政实施能力、技术保障能力非常有限，甚至对平遥的历史价值的认识和理解也还在启蒙阶段，必然就十分吃力了。

随着符合时代生活需求的房屋格局以及新型材料等的不断推出，居民改善居住环境的需求持续加大，旧城保护面临着与日俱增的难度。现实的发展需求与保护传统建筑的理念纠缠在一起，此消彼长，在思想和行动上都形成了不同程度的冲突。一定时期中，社会上包括一定的领导层在未来期待与现实生活的遭遇面前，也曾经出现过动摇和相对被动。在这个时期，名城保护工作是在时代进步、技术发展、生活空间改善需要强烈、对传统建筑进行改造势头抬头的大背景下起步的。可以说，县城有理念的保存是在一种煎熬和纠缠中开始的。这是事情的一个侧面，是压力的一面。

事情的另一个侧面是1985年之后平遥旧城保护的声音在社会中逐渐增多。由于有历史文化名城这个称号，平遥让人们内心充满期待，不断有专家学者到访，他们给平遥价值的高度定位和对未来的美好描绘，安抚着发展中想要改造却又不能的种种不满情绪。政府和专家经常发布或推出一些活动，尽可能地用美好未来的畅想来解决居民们因守着老房子而不能改变生活条件的"饥饿感"，让他们从中获得安慰。那个时期，尽管几乎没有什么游客到访，但是一些专业的杂志、书籍对平遥的宣传，乃至一些像游客又不是游客的专业人士隔三差五的消费，总使得政府和领导保持着不灭的希望。时不时的电影、电视剧组在大街小巷出没，又总在不断地点燃着县城群众认为旧城可以带来好日子的渴望。

（二）保存时期的积极因素

实践证明，任何一个转型类事物的发展总是文化先行，平遥旧城保护的行动自然也是如此。这个时期，一些先知先觉的文史工作者纷纷撰写文章、编辑书籍、整理文献，还有民间不少有情怀人士，在改革开放初期，背着被指责为复古的骂名，研究票号，挖掘民俗，为在短时间内看不到未来的"保护号"列车不断增添着燃料。事实也是如此，每到平遥城的保护在现实和未来之间徘徊之际，总有鼓励出现。20世纪90年代，之前专家教授的考察、访问所聚集的能量开始释放，国内外专业组织在平遥多次召开会议，组织培训，平遥的知名度在业内日益提升。1992年，联合国人类住区（生境）中心（简称"人居中心"）在平遥举办"全国中小历史文化名城保护和建设培训班"，国内国外专家对平遥的高度赞扬给保护增强了信心，也更增加了压力。

1994年，全国历史文化名城委员会二届三次理事会在平遥召开，同时召开的还有"平遥历史文化名城旅游经济开发论证会"。虽然会议仍然由专家学者在讲文化、讲价值，但"旅游经济"一词的亮相，让平遥的名城保护工作进入了一个新的阶段，与之配套的工作也开始进入议事日程，特别是这个会议中附带的《平遥申报世界文化遗产倡议书》更是为平遥未来的保护工作打开了一扇窗户。之后的一段时间，平遥便围绕"申遗"展开了一系列工作。

无数工作中，1995年开始的对南大街的整治使旧城保护进入了一个全新的境界——除了文化的挖掘整理之外，开始对实体建筑实施整体维修并尝试将经营业态围绕旅游展开。这是在平遥"名城保护"中进行的率先实践。之后平遥的经历证明，南大街的率先之举给平遥的转型发展奠定了基础，开拓了思维，树立了榜样。

（三）保存时期的发展压力

"保存"阶段与"保留"阶段不同的是，在保留阶段，社会发展比较平缓，有心有意便可基本实现目标，而保存阶段则是社会经济、文化价值多元碰撞并逐步建立新的社会经济秩序及生活状态的转换时刻。所以，这个阶段对于保护旧城可谓至关重要，它是"保护旧城"思想认识在社会中的普及和巩固期，是连接过去和将来的重要坚守期和困难期。从经济社会的发展角度来讲，正是经济高速发展的关键起步时期，改革开放深入人心，社会生产力快速发展，各种技术发展日新月异，社会中各种文化价值观多得让人眼花缭乱，各项事业发展势头可谓中华人民共和国成立以来之最。在这样的时代背景下，旧城保护的压力可以想象，不回避地讲，城内的"不协调建筑"也大部分出现在这个时段。发展与保护的矛盾交织，既要保护，更要发展。当时政府就有一句著名的口号——"保护与开发并举，建设与管理并重"，这其实也是施政纲领。当时的压力之大，非经历者不能体会。

在这个时期，由于保护旧城的前景并不明朗，发展劲头却是非常强劲，所以，名城责任之下的保护工作只有"招架之功"，无"还手之力"。"招架"是为保存而做的一切工作，比如不批准在城内新建新型的建筑，不准拆除传统建筑等的努力。"还手"则是面对现实发展的刚性需求，比如学校的扩容或新建，为了保护年久失修的老房子而对房主将其更新为新型的现浇混凝土房屋等行为的制止等。在发展和生活的现实面前，虽然想让年久失修的老房子维持原貌，但改善使用功能、提升生活品质又无例可选。这些具体而现实的问题，一直是摆在当时建设部门管理者面前却始终无解的难题，管理者唯一法则就是"死扛、硬顶不讲理"。但是放在现在来评价这段"招架之功"，可称其"功不可没"。在前景不明朗、压力空前的背景之下，仅靠"招架之功"，让平遥"旧城保护"走出了"煎熬期"，为"申遗"创造和打造了坚实的基础，实在是功莫大焉。没有这个时期的"死扛硬顶"，旧城的面貌无法评估，自然不会有后来的光彩之日。

回忆、研究旧城保护，在享受"成绩"带来的荣耀之时，不能忘记初期旧城保留、保存之努力，这些努力是旧城发扬光大之基础。同时更不该忘记，在这个时期默默在岗守护和无私努力过的各位同仁，没有大家的前期坚守，便没有今日的兴旺发达。

1995年之后，特别是"申遗"成功并赶上了旅游业快速发展的列车，平遥城进入真正意义上的"保护"之时。旅游业快速发展，在利益驱动下，满足扩大使用面积、增加效益的"破坏"性建设，迫使平遥县城真正进入需要强力"保护"的境界。换句话说，这个背景下的"旧城保护"才具备了完全意义上的"保护"内涵。

"护"的本意就是不受侵犯和损害。之前保留、保存让平遥进入了"世界文化遗产"的行列，在带来巨大社会和经济效益的同时，也给"旧城保护"带来了巨大的压力。县城的旅游造成了对生活气息的挤压，初级的"观光型"旅游经济发展并持续，对传统城市、传统建筑、传统文化造成了冲击，平遥也没有幸免。1995—2015年，甚至2015—2025年，乃至更后，平遥城的记述将会是怎样的状态？这要交由后来者回答了。

管理的成果

　　城市管理是一个目标庞大、内容繁杂且时间跨度较大、涉及领域较多的"项目"。城市管理的内容其实是多角度、多方面的。但是在城市管理的早期，从建设主管部门的视角，更多的是对建筑工程或建设行为的管理，像平遥这样的县城尤其如此。城市管理从表面上看，好像是管理建筑或建设行为，事实上，归根结底是管理数以万计、十万计、几十万计的人的思想和行为，实际上是在管人。在当时制度、法规等依据不充分、队伍不健全的背景之下，要将社会中各阶层的人的思想、思维、行为通过管理，归拢在大体一个理念和目标之下，是有一定难度的。

　　本书讨论的1975—1995年之际，对于平遥县城而言，不论大的社会背景，还是平遥人们的思维认识，觉得城市是需要"建设"的，还没有建立起城市管理的思想认识。有了以城市为对象的管理的行为和意识，大概是在20世纪90年代，但那时也还没有清晰的管理办法和措施，或者说通过管理要达到的目标还不太明确。由于在这个时间段中，平遥县城经历了从普通县城到历史文化名城的变化，对县城的理解和认识自然也随之发生变化，因而对县城管理的标准和目标也随着身份和时间的变化在相应地调整。但是总体上讲，在这个时间段中，从管理的视角去回忆的话，除去前几年无须管理的时段，剩余时间段内，开展的大都是从保护出发的管理工作。

一、管理的标准

本书讨论的 1975—1995 年这个时间段，其中至少有一半时间的社会状态还处在计划经济向市场经济转换过渡的萌芽期和探讨期，属于城市发展建设的觉醒期。这个时期社会的主要任务是解放思想，因为计划经济模式的痕迹和影响力还很明显，单位和个人的行为大体还都在各级组织的约束管理之下运行，再加上经济状况的因素，不论政府还是居民，"搞建设"的能力相对有限。这个时期，只要政府确定实施意图，还是相对比较容易实现的，城市发展中的一些目标要求靠行政命令便可基本达到。而且事实上，在这个阶段对于县城来讲也没有太多"建设"内容需要"管理"。

平遥的与众不同之处在于它是早在 1981 年就确定了"保护旧城、建设新城"的策略，与 1982 年开始的国家历史文化名城制度基本是同步的。客观地讲，在当时，就国家层面来讲，直至 20 世纪 90 年代初期也尚未有成熟的对于历史文化名城保护的方法和方向，大体是在文物思维的影响下，保持"不动"的思路和原则，是笼统地、朴素地以"保护"为目标。

这个时间段，国家对于历史文化名城保护的理论建设还处在起步时期。所以，平遥对于"保护旧城"的目标，关于旧城"管理"的方向，就是把"老房子"管住"不动"，"保护为主，抢救第一"是当时的方针。近些年才有了历史文化名城保护与发展传承的各种研究和实践，才有了活化和利用的想法。而在当年，曾经就有平遥城就是一个大的"文物"的专家观点。陈从周曾说："旧城为一个大文物，文物古为今用，即保持现状，如改建即破坏文物。"换句话讲，当时专家学者给社会释放的信号，平遥这座历史城市是文物，不可随意改动。

二、管理的措施

1985 年左右，平遥建设局开始施行核发《建设工程规划许可证》的工作，在当时的晋中乃至山西的县城中，是较早启动这项工作的。这项工作是当时对城市建设管理的主要行政手段，以此来规范和管理单位和个人的建设行为，实现建设管理部门对城市建设项目管理的目的。1986 年，平遥正式进入了国家历史文化名城的行列，对县城的建设管理有了进一步的目标要求，城市管理开始进入一个新的阶段。虽然有《城市规划条例》及后来的《城市规划法》作为审批的法律依据，但由于法律的地方性不够，也没有历史文化名城保护管理的法律、法规，技术层面执行的也仅是《县城总体规划》及后来的《历史文化名城保护规划》的原则性条文，所以在日常审核的过程中，对于具体的建设项目是否符合历史文化名城保护的要求，更多靠的是具体工作者个人对城市特别是对名城保护标准的理解和把握，工作人员靠情怀和责任对建设工程的设计或建设方案进行把关，管理的目标就是不要出现当年所谓的"不协调建筑"，最大成效是当时流行的外墙贴面砖的建筑物没有在旧城内大面积出现。

日常工作中，旧城内新建建筑的审批过程中主要把握以下两点要求。一是《平遥县城总体规划》中对于城内建筑在高度上的要求："（1）古城中心地区文物古迹附近与城墙内外侧第一建筑高度区7米；（2）除第一建筑区外的其他地区为第二建筑高度区10米"。二是出于考虑与传统建筑风格、色调大体一致的追求，要求新建的建筑物尽量加点坡顶或挑檐处瓦点灰瓦并保持青砖清水墙，不得在外墙贴面砖等现代建材。事实上，在实施的过程中只要是两层的建筑物大部分很难做到不超高。

《历史文化名城保护规划》中对于建筑高度的规定，大体与《平遥县城总体规划》中的要求一致，但是对分级别保护地段或街巷的建筑高度有了进一步的细分。但由于该规划批准时间已为20世纪90年代初，所以在实际工作中，还是更多地执行了《平遥县城总体规划》中较为粗略方法。

开始实行《建设工程规划许可证》的时间，恰逢改革开放的初期，单位、集体执行政府政策、制度的意识还是比较到位的。可以说，在当时基本没有批后监管的情况下，不办理《建设工程规划许可证》而开工建设的单位很少。遗憾的是，由于发展及诸多方面的原因，当时办理《建设工程规划许可证》而批准的建设，大多都是有"不协调"意味的建筑，而且绝大部分为单位、机关、学校等相关公共建筑设施。

三、管理的成果

平遥于1992年就组建了"城市管理监察"队伍，但是人员构成基本不具有对建设行为实施监管的能力，再加上当时的建筑基本也不需要有批后监管这一工作环节，完全靠建设单位的自觉性就可以保证建设单位按照批准的内容进行建设，几乎做到了"违章"建筑的"零"出现。这样的效果除了社会因素之外，大概还有以下几点原因：一是在改革开放之初，经济快速发展之前，就有了明确的"保护旧城"的纲领确立，而且此纲领被很早地灌输到社会的各个层面，特别是政府相关部门工作日程；二是适时地发展新城，减轻了在旧城就地改造的压力；第三点原因更重要，就是当时的各种建设均为生产、生活的必需性行为，特别是个人居民的建设行为均出于生活刚需，没有利益驱动，而且受土地、产权、经济等条件的制约，这些刚需性建设也均为微小型项目。

20 世纪 90 年代前后，传统建筑保护和新建筑建设管理的压力开始逐步加大，不论个体居民还是机关单位，建设、改造的需求和可能性开始增加。但是，压力的增加，更多还是来自机关、单位、学校等集体部门。由于经济、产权等种种原因，集体单位在新城区开始组织集资建房，农民在宅基地自建房屋，一定程度上都缓解了旧城内居民改造传统建筑的压力。所以，在这个时期建设管理的对象几乎全部为单位或部门的建设内容和行为。

在当年"申遗"过程中，专业部门或专家学者对平遥指出的"不协调建筑"，比如平遥中学教学楼、学生宿舍楼、农机公司办公业务楼、柴油机厂临街门面、招待所新楼、少管所新楼以及法院在城内拆除传统建筑和院落新建办公楼、公安局的"豪华"贴红色大理石超尺度大门等，都是这个时期的建设"成就"。

四、管理的总结

1975—1995 年，管理的手段、队伍及管理思路等都很有限。回头看，在初级"管理"阶段实施的措施所能达到的管理"深度"，与当时发展的速度和建设的力度，乃至后来名城保护的要求，还是大体"匹配"的。尽管后期有这些"不协调"建筑的出现，但十年、二十年之后，不少寺庙、衙门及众多商业店铺为保护及旅游的需要进行了恢复，这使当时建造的"不协调"建筑物给旧城风貌造成的影响"淡化"了不少，让这些"建设"未曾留下太多令人难以"容忍"的"痕迹"。也许是它们的体量、色彩与历史建筑的可融性较强，又也许它们是平遥县城"出名"之前的存在，大概人们的心里觉得应该是如此。

基于长期在平遥旧城保护与发展的实践，我有以下几个角度的话题留给大家探讨。

第一，任何管理都是为实现目标而实行的措施，并且需要在基本不变的理念支配下持续努力，方能体现出管理的成果，实现原定的目标。城市管理当然也不可能例外。然而，平遥城这样一个古往今来均为生产、生活居住的城池，被列入"保护优先"的历史文化名城后，伴随着这个学科理论的逐步建立和完善，一路走来，经历了"保护为主，抢救第一""原汁原味""修旧如旧"，制止"不协调"建设以及现在倡导的"保护与传承并重""以人为主，活化利用"等诸多理念的深化过程。要说的是，在短短的二三十年之中，名城保护实践的深度和广度，在平遥这个小县城中，几乎都进行了有意无意的探索和实践。于是，在前行的过程中不可避免地会出现较多的具体操作中的无奈或尴尬。

第二，每一座历史城镇都是在特定的环境中生长而成的，在其成长的过程中每个时代的建筑物、构筑物均体现了具有地域特色的技术工艺和形式特点，形成了属于这一地域的建筑类型，而且各个时代的技术手法、审美标准、使用功能及建筑材料特征也都比较明显。在古代重建或新建某组建筑或某幢建筑时，并无刻意要照着原来某个时期的风格去恢复。当然，各种等级制度、风水原理等文化秩序基本不会改变。20世纪80年代之前，县城内一般的民用及公共建筑的建造材料仍然以砖、木等传统材料为主。形式和手法尽管同明清时期已有较大变化，但大体不影响整体的城市空间尺度和风貌。但是再往后，由于技术的强大、材料的多样，所建造的房屋就被认为和古城风貌"不协调"了。

按说城镇作为一个社会、经济、文化的综合体，在其成长的路上，随时代的进程出现反映时代特征、形象的建筑物和构筑物合情合理，它们逐渐成为历史痕迹，既记载历史和过往，也留给人们回味、研究和反思的空间。然而在平遥被列入"全面保护"的历史文化名城后，新的建设就不能够伤害城市千百年的沉淀而形成的风貌和特征，新的建设应该"融入式"地在历史中增加和丰富历史。现实是，当时由于技术和材料选择的多样性、建造者的审美趋向、文化能力和财务能力等诸多因素，当需要增添新的建筑物时，往往是不太能做到既照顾"历史"又发展"历史"的。即使是管理者，由于有长期"文物"保护的惯性思维与历史城镇管理要求的意识铺底，在对新建或改建的项目管理中，习惯照搬传统建筑的定式去要求，加上缺乏有时代感又能融入历史城镇而进行的"创新"思想和能力的培养，故鲜有能用当代材料和传统材料"合作"创作出来既满足保护的要求又适应发展使用需求的新建筑。故此，尽管严防死守，但"不协调"建筑的出现还是"防不胜防"。

第三，旅游产业兴起之后，为适应经营活动而修复或改造的各类建筑，不论空间形式、材料使用以及布局安排，一方面要模仿传统建筑形式以满足管理要求，另一方面更有经营者一心为扩大经营面积而建造的所谓"类传统民居"客栈（二层甚至三层），由于任何方面都不能做到纯粹而使得形式不新不旧，内容不中不西，使用不方不便。这样的产物当然不被管理理念接受，自然不能让管理者满意，也不能让消费者满意，更不能成为值得推广的建筑"创作"。歇业之日，似乎便是"废弃"之时。它们的出生就"戏弄"和"碎片"了传统民居的文化原理、文化生态和空间尺度乃至建筑形式等，当然更不是文化引领下的"创新"，于是往往成为城市风貌的破坏者和业主投资的"鸡肋"物业。

第四，就是对历史环境的疏忽。城内道路硬化和上下水的配套建设中标高的提升，致使街巷两侧院落地坪有的低于道路达一米二三之多，这使得传统建筑不能呼吸，造成了"健康"隐患，更何况这些老院落老建筑已是"垂垂老者"，再加年久失修，早难以抵御洪涝灾害。因此，道路硬化和上下水配套建设中标高的抬升是加速传统建筑生存环境和居民生活环境恶化的重要因素，也是居民提出重修院落的重要理由。众所周知，建筑同植物、动物一样，它的健康状况与它所处的生存环境息息相关，适合的环境是健康的基础条件。所以，保护旧城首先应该保护城市的生存环境，这是根本之策。然而，当时我们更多的是单纯地关心建筑物，而忽视其存在的环境。犹如中、西医面对疾病的不同方法，中医有全面系统思维，而西医习惯就事论事。其实建筑、城市也是各种生态系统复合的生命体，如果我们仅关心建筑本身而不去思考环境对其生命的重要作用，那么即使是花大力气将建筑修好，但由于"病灶"没有消除，"毛病"还会隔日再"犯"，即使坚持时坏时修，也难以保证建筑的"体魄健康"。有人会说得"高尚"一些，美其名曰"带病延年"，且不说能否达到效果，就算技术成熟，维护成本又岂是普通居民所能承受得起的，况且面对由此带来的房屋的各种问题，到目前为止，似乎尚无成功案例可参考。道路的抬升影响了整体街巷的状态，故而要么出现街区建筑残损、居民外迁而导致的凋敝景象，要么整条街新建之后"面目一新"。

现实中，传统城市中道路的竖向标高不断抬升，包括城市布局时为传统建筑群通风、通气而预留的空地被密集地填充建筑等现象，在不少地方，特别是北方传统城市中，似乎是通病。应该强化历史城镇保护的系统思维，特别关注历史空间的科学性认识和保护，进而保护好历史建筑、历史街区和历史城市，使其健康存在。

第五，任何城镇的发展均应该是以保障、提升居民生产、生活品质为目标的，历史文化名城当然也应如此。所以，其各种保护管理的目标、手段或措施，应该将名城保护和城市人民的生活发展有机统一，使传统建筑、城市空间的保护从人的生活需求出发，这样以提升人的生存、生活环境为前提的管理理念和目标，就是可持续的。否则，如果是单纯简单地就建筑论建筑，就事论事地去理解名城、管理名城，不免会出现"人""城"分离的局面。这样既难以保证"历史气"，也难以保证"烟火气"。所以，要保护各类名城的"烟火气"，应该同步研究历史城镇在发展中保护的内在和内生的动力来源，寻求如何同名城保护适应和匹配的并能使当地居民接受且会生根的产业。如果是在发展旅游中寻求动力，也应该把思考和努力的着力点更多地放在培植具有地域特色类别、融入当地居民生活的可持续的非"观光表演性"的"生产性"业态，使其具有唯一性和排他性，乃至权威性，并能成为保护传统城镇"生活气"的助推器和稳定器。

当然，还需要特别强调，当历史城镇在其发展过程中增添新的建筑物或改造旧建筑时，务必在尊重历史空间环境和历史文化原理的前提下，去传统空间、传统风貌中寻求体量、尺度、材料、色彩等诸多方面的平衡与和谐，这是基本原则。让其"低调"地融入历史街区中，理论上讲是成立的，实际操作中是可行的，管理中也应该是允许的。在此基础上，花力气探索，探索出融于生活、适合历史城镇的生产内容和生产方式，使平遥成为真正的"活着"的古城。我们不能忘记城市是为城市中的人的生产和生活而存在的，没有了生产的城镇，必然是没有生活的，没有了生活的城镇便会将"古"城变成"故"城，一旦真的成为"故"城，那将是对历史的不负责。这当然不是我们所追求的目标。

后来环城地带的整治，几乎把 20 世纪 90 年代前后环城地带中建设的大量农民住宅、单位宿舍和公共建筑乃至一些企业单位都拆除了，然后形成了环城公园，呈现新城、旧城以绿带相隔的"理想"状态。尽管这一实践成为了新城、旧城建设、保护、发展的"典范"，但我仍然认为还有理念和实践上讨论的余地。

站在当下去反思，旧城内对一些已经消失或被改造的公共建筑、寺庙、商业店铺等的恢复，环城地带的拆除、腾空、植绿整治，这些举措是对我们所走的弯路的纠正，还是弥补管理疏漏？是对于当年发展的否定，还是我们历史文化名城保护发展的必由之路？我们没有答案。

但可以肯定的是，这些举措都无关乎对错，或者不能简单用对错的思维来回答。这些历史的过往，对于当今无论是历史城镇的保护，还是发展传承的借鉴和研究的价值，都是实实在在的存在。是否可以认为，这些经历也是平遥城从这个方面再次给社会所做的贡献，为历史城镇的保护和发展提供的样本和实践，以丰富社会的认知呢？亦可谓之功德。

在这里，我很想记述两件记忆深刻的事情。

第一件事。1997 年，县政府机关绝大部分已迁往新城区党政大楼，旧政府（县衙）仅留极少数单位待搬，"县衙大堂"已修复。正在议论如何复建"旧县衙"之际，"险些"在"政府礼堂"南侧的空地新建所谓独门独院的公安派出所（印象中叫西城派出所）。当时争论、努力的画面，常常在我脑中浮现，记忆清晰，久久难以释怀。

第二件事。2002—2003 年，平遥实验小学从旧城内搬到新城区后，旧校址（原小察院）变成刚刚成立的国有控股的平遥旅游股份有限公司用地。该公司负责人请到国内著名设计单位，将此处设计成具有"现代风格，传统元素"的酒吧区域。然后，在各种反对声中，原"小察院"一组质量很好、保存完整的清代官衙建筑院落包括卷棚顶的过厅、后院的东西厢房及正房被拆除、夷为平地。之后，任何"现代"的区域设想都未曾实现。现在的"小察院"为 2012 年新建。

历史城镇保护传承的管理
实践思考

按语：我亲历了始于 2014 年的持续 5 年且力度不断加大的古城违建整治行动，这"特别"的工作经历始终令我难以忘怀。离开相关管理岗位，心绪大体平静之后，城中许多改造后的建筑形式、空间形态及经营业态，常与心中追寻的理想的古城状态在脑海中交替闪现。每每自问，违建如何根治？追根溯源，断断续续地写了一些思考性、探索性的文字，以抒心志。借本书出版之机，稍作改动，整理成篇，记录个人思索的心路历程。标题为整理时所加。

所有事物不会以单一因素而独立存在于社会或自然界。城市的存在和发展是众多条件互相促进和作用的结果，是一个多元的系统合成体，所以对其的管理必然是一个综合施措的过程。

诸多历史文化名城，甚至世界文化遗产城市，与非名城的城市在其管理的内涵上应该是一致的。不同的是，这些城市由于保留了较多的历史遗存，并普遍具有较深厚的历史文化积淀，故而在其发展的过程中，必须强调保护优先。然而，我们在保护过程中的不足是，较多关注了有形的建筑物、构筑物等实体的存在，而对于无形的人文精神和历史空间、基础环境等方面的保护传承和发展，大概是近十几年才开始。另外，从建立历史文化名城制度以来，在对历史城镇保护理念和方法的深入思考中，关于居民生活环境和条件提升方面的理论和实践，仍有较大不足。现实中，历史城镇保护发展成功案例的推广或介绍，给社会传导的信息常常是在宣传如何搬迁住户，对传统建筑实施维修，进而进行"展示性"利用，却几乎没有如何在保护的前提下，使整个街区的居民生活环境和条件得到较大提高的案例，也没见到传统文化在居民的日常生活中得到"生活式"传承的案例。保护和传承同城市居民生活分离的痕迹比较明显，所谓的"传承"总感觉是在"表演"。

遍布全国各地数量众多的传统城（镇）及传统村落，当下大致有保护得好或不太好两种评价。问题是，不论好的还是不太好的，共同的"不好"就是都在朝着"去生活"的方向发展。

被称为好的，一般来讲，大概就是发展了旅游，有的还有较大的资本进入，整体都是朝着成为著名旅游"目的地"而努力。"成功"之后的城或镇似乎也只剩下了称呼的沿用，由于没有了居住者，没有了生产和生活，故而没有了"灵魂"。即使基于旅游发展或保护的需要，关注了其建筑物"形"的保护，但由于在发展中对新进入的经营业态缺乏选择，让各路从业者对文化的表达自由发挥、粗暴解读，而具有地域传统的业态由于原材料的稀缺、手艺濒临失传而造成的成本较高等诸多因素处于接近消失的境地，历史城镇的"神"逐步散失。充满历史沧桑和文化气息的城镇，即使建筑的"形"还有较好留存，也"千城一面"地演化成为了基本同质的"旅游纪念品"的大卖场。这样一番努力之后，古城(镇)就会成为有"形"无"神"的"影视基地"似的城镇面貌。这种不以传承为措施而换来的繁荣景象当然是短期的，然而，更令人担忧的是，由于有暂时或表面的繁荣，各地轮换竞相模仿甚至抄袭，致使不少"鲜活"的历史城镇沦为"道具"。

被认为保护不好的，则常常表现为各类传统建筑年久失修，甚至破败坍塌，城市基础设施老旧得与时代很不相称，公共服务设施缺失，居住者多为临时租客。这些区段，往往还被列为"棚户区"或"危旧小区"而面临被拆除的可能，成为城市发展中被"遗忘"的区域。造成这种局面的原因，管理者普遍的观点认为是保护的成本过大，地方财力难以负担，而资本进入如果仅仅是做"保护"就无利可图或"性价比"不高，加之这样的历史地段常常产权结构比较复杂，于是在各种平衡、各种分析、各种方案的年复一年的论证过程中，这些区域的问题越来越多，投资则越来越大，一来二去，除了极少数"勇敢"的地方政府，干脆一"拆"了之，然后或"重建"或"开发"。大部分地方尤其是中小历史名城则成为城市中心区域的"鸡肋"，"拆"不得，"保"不起。理性地讲，大部分的中小历史城镇由于种种客观原因，并不具备发展较大规模观光型旅游的条件，或单一依靠旅游带动促进保护很不现实。但是一方面，地方对自己历史价值和发展条件缺乏深入和耐心的分析及研判；另一方面，靠旅游发展成名而迅速火爆的景象又总是那么诱人，故各个城镇总在期待和努力中。与此同时，居住在老城的居民为了改善生活便寻求新的生活环境，逐步离开了老房，人去屋空，房屋的自然损坏则更加严重。如此几次循环之后，历史街区也好，名城名镇也好，有的景象着实让人揪心。如何前行，真是个问题，需要面对。好多历史城镇，其实天天在这种担忧中度过。

无论是发展旅游却担心古城（镇）"异化"的纠结，还是期待发展旅游却面临艰难局面而难以如意的尴尬，其根本的原因，莫过于没有把一切保护发展的出发点更多地还原到历史城（镇）中人的生产生活状态的提升和发展上去判断其价值，并实施到相应的保护措施之上。如果把历史城镇保护的出路，单纯地都寄托在发展所谓"旅游"特别是"赶集式"的观光旅游的单一思维意识之中，往往就会依照单一的价值去判断并确定目标和管理路径。那么出现上述尴尬或纠结难以避免。

其实，众所周知，历史城（镇、村）或历史文化街区并非为旅游而生的，而是千百年的人文、生活、产业、环境等沉淀融合之后的具有生产生活属性的有机生命体。当然，在尊重历史、尊重文化、尊重生活、尊重当地诸多个性条件的前提下，适度发展适合地域内涵的旅游业本无不妥，而且应当鼓励。

尊重自身文化属性并以发展生产内涵、提升居民生活质量的方式去同旅游融合，就各类历史城镇而言，要比单纯"观光式"旅游的科学性、持久力以及对文化的传承性合理得多，收益也是可观的，并且是经济、社会、文化的全面提升。当然，这样生产生活与文化融合的创新植入，需要更多的智慧管理和运营介入，绝不是当下流行的不分析自身特点、互相模仿的无门槛的初级旅游形态。这种形态常常为讨好"市场"而"表演式"地呈现所谓各种"文化业态"，"快餐资本"的渗入使文化内涵大打折扣，甚至"异化"为低俗的"招徕"。这样的铺排，传统的历史建筑、城市等诸多空间也往往由于要为适应其"内容形式"而遭到一定的伤害。这种没有传承而直接消耗和消费文化积淀的观光形态，对文化的利用是"断根式"的。其结果必然是使历史城市的"形""神""魂"皆失。许多历史城镇，兴也"旅游"，败也"旅游"。

故此，不论历史名城还是村镇，对其价值的认识应该更加深刻和全面，在此前提下的保护和传承目标应更加清晰。

一、关于深刻

各类名城（名镇、村）所承载的其实是当地居民生产、生活的一种文明状态，一个地区的文化类型，一个地域的产业形式。如果把保护的意义及古城镇的价值提升到传承一种文明"标本"的视野和逻辑下去解读，应尽量顾及价值的深度和广度以及文化的宽度。文明，不是单一文化现象便可构建的，城镇文明更是如此。历史城镇文明是诸多文化现象的共生共存、互相借鉴和促进，并具有自身生发功能的政治、经济、文化的复合体，是千百年来农业文明阶段缓慢成长后，渗透在城镇形态之上，呈现出的一地相对稳定的城镇格局、建筑形式及文化意象和生活方式。稳定的各种文化内容，持久地植根在人们的生活常态和生存方式之中，成为一地特定的文化价值系统。这些历史文化价值系统如能在当代城镇人的生活中深深地保护并传承延续，在此基础上，再去植入旅游，也许能有效避免单纯的"走马观花"式的业态给历史城镇带来的"伤害"。

避免出现由于"旅游"发展而导致的历史城镇的"异化"，关键在居民与城镇的"不离不弃"。经历沧海沉浮，留存至今的所有城镇，可谓历史的见证、文明的活化石、文化的"标本"。那么文化的传承也好，"标本"的制作也好，如果失去了人的存在，必将失去灵魂，就像"标本"失去"保鲜剂"会枯萎变异一样，必然就使得价值"贬值"直至消失。故此，一切保护的行为还原到当地居民生产生活的本来属性，并在满足居民与时俱进的生活需求中展开，这应该是保护和传承的出发点和归宿。进一步探索并完善适合当地生产、生活的保护模式，提升居民生活环境质量，挖掘地方特色产业的体验式旅游，也许是保护和发展的活力之路之一。

二、关于全面

不论城市还是乡村的建设，过去同现在一样，都有一套选址、布局理论和实施规程指导。最大的不同在于，过去建城或聚村是在全面认识选址地段的地形地貌、自然生态的前提下，充分尊重自然地势而展开的与自然融为一体的有机合成。一切的行为均是在保持地势的基础上，考虑便利生产生活，并能有效防范灾害的考量下的建造，可谓顺"势"而为。研究表明，看似与各类建筑无关的城（镇）内外的大小地势，在某种意义上决定和成就了这些城镇的千年传承。核心是因为村庄、城镇的存在，基本没有太多扰动万千年形成的自然生态，是人和自然的和谐并存。观察当下保存基本完整的城镇和村庄，周边的自然生态、地势地貌，均没有很大变化。故此，应该改变孤立看待、研究城镇的街道、建筑的狭义价值认识判断体系，而应将城镇赖以生存的自然河流、沟壑、山体等整体纳入保护的价值体系之中，并切实同城镇建筑、街道融为一体进行全面保护。

城镇内外的自然地形地貌同建筑、街巷进行一体化保护，能有效防止因为道路排水需要而抬高地坪使传统建筑院落地坪低于道路，导致房屋长期潮湿损坏的"不得已"拆除重建。由于上述原因导致的诸多院落的重建，似乎城市"肌理"尚在，但院落和街巷空间尺度以及建筑已非原物，只是一个"貌似"局面。平心而论，道路与建筑的高差给老房子带来"健康"隐患，对居民生活的影响确实很大，如果不拆除抬高重建，老建筑的"健康"就难以实现，居民生活环境的改善就难以得到保障。这个问题，在某种意义上讲，是保护和保持城镇传统建筑完整、健康存在的必要条件。何况历史城镇存在和发展时的外围及内在的地形、地势其实也是同样值得保护研究的文化构成，更是城镇存在并发展的"天然营养"来源，无疑应该引起高度重视。

另外，应深入研究一地的人文精神、生活方式、诸多家族名人、产业类型在其成长过程中的价值和作用，并在保护发展中有效转化，进而在历史中寻求新的发展灵感，而开辟有历史底蕴又有现代感并符合地方文化和资源的新兴产业类型。在传承和保护历史城镇物质空间的同时，使得地方手工艺及诸多生活技艺得以传习并激活，并能生活式地培植出具有地方唯一性的诸多产品（包括旅游产品），是全面传承和保护的有效路径。

关于"全面"还有一个话题，那就是如何增加历史城镇保护意识的群众基础，使之扎根于社会各界，尤其是让城镇居民对于传统城镇所承载文化的认识和理解同国家意志同步。这是一个非常重要的视角，同时也是非常必要的。长期以来，我们的历史文化名城保护的理论一直在专业部门和专家、教授之间悬挂，始终没有机制或办法将这种理念同城市居民主动接轨，常常是被动努力。群众似乎成为了保护旧城、旧建筑的阻力之一。在管理实践中，管理的是城市中的事，事情的承载物大部分是房，宣讲的是文化，但归根结底面对的是人。那么，这个"人"，既包括决策者、管理者，也包括居住者或建筑的拥有者。各种不同角色的人，在同一件事情上，有时有完全不同的认识，致使在历史城镇管理中，会遇到诸多问题很难统一。不容回避地讲，关于历史城镇价值对干部和群众的有效宣传的缺乏是原因之一。除了一般专业价值和资源的认识及评价之外，对于城镇居民的普及灌输应该强化，同时对城镇居民在保护传统建筑中的付出的补偿或奖励机制亦应尽快建立。这样的合力，对于有效防止自然和人为对于传统建筑的损坏，将会起到很大的保障作用，同时会极大地减少政府的维护成本，可谓根本之策。说得稍微浓缩一点，就是如何使历史城镇的价值、作用以及未来，最大限度地植根于群众的日常生活和日常行为中，有了广大的群众基础，名城名镇保护传承发展的道路便会更顺畅。

三、关于目标

历史城镇（村）的保护是一个持续的动态过程，在这个过程中，目标的确定至关重要。目标就是方向，如果方向不清晰，那么道路则难选择。各个名城（镇、村）都有差异，并且差异体现在方方面面。在保护与传承这个大目标下，则应根据每一地的具体情况研究制定有针对性的目标，而不是原理下的笼统目标。在评价、挖掘一座城镇的诸多价值体系的同时，如果对未来发展方向也能有一个比较明晰的判断定位，能大大减少地方模仿或照搬甚至抄袭别的城市发展的产业模式而给历史城镇带来的伤害，更能有效防止各地历史城镇保护发展方式同质化带来的"一荣俱荣，一损俱损"的现象。

当然，这样的要求也许比较高，但是，如果我们的工作仍然继续停留在历史文化的挖掘、历史价值的梳理上，而不能对历史城镇的未来有一个比较深入的分析，有针对性地提出不同的历史城镇在保护的前提下如何传承、如何发展的引导性研究，历史城镇在当下出现的诸多令人不愉快的景象将难有改观。虽然提出一个对未来具有指导性的保护发展的意见比较难，但是任何已经走过保护发展之路的历史文化名城、名镇、名村，在总结技术路线、理念方法的同时，都应把对于保护目标的细分及未来保护传承的指导性方向内容的思考纳入其保护规划的基本内容。只讲历史价值，不谈未来之路，只说保护要求，不谈传承路径的缺陷，是该弥补了。

在对历史城镇价值科学、系统、全面评价的前提下，确定保护、发展的细分目标，并在提升居民生活环境的同时，制定发展的参考产业类型，使文化得到有效传承，让历史城镇保持旺盛的生命力，是所有历史城镇保护的共同目标。确定各个城镇的具体保护发展目标，为城市的日常工作提供行动指南，已迫在眉睫。这个目标，一定是在保护城镇建筑空间的同时，还包括了居民生活改善、产业发展等诸多方面的综合性内容的系统性文件。经济社会快速发展的当下，在少数地方出现"拆旧建新""无中生有"式的所谓"保护发展"现象的今天，具有针对性和操作性的保护管理指南显得尤为重要。

再有，对于历史城镇的研究、分析和对未来的设计，以及对于当地的建筑特色、营造手法、布局原理、业态提升等诸多细节做较深入的研究，并在实践中不断完善，应该是常态化和精细化的，决不能只做一个保护规划了之。在日常管理中，适时检查、评估，以防止在保护、传承的语境中逐步

"走样"，同样也是必要的。

总之，经过几十年的历史城镇的保护、传承实践之后，应该从理念、理论出发，充实、完善各种管理制度及技术路线、行政政策、目标方向，防止出现在实践中已经证明需要调整、完善的现象再在发展中重复，让历史城镇保护之路从理论到实践始终在前进。"任何学科如果只有资料的积累而没有理论的钻研和创造，从长远来说是不会有真正的进步的。"[1] 希望通过对理论与实践研究的总结，就历史文化名城（镇、村）保护问题，能给管理者创造清晰的目标方向，让历史城镇传承得更加科学。这也是我思考的心愿。

2018 年 11 月

①何兆武《必然与偶然·何兆武谈历史》第 230 页。

"申遗"的逻辑

平遥县城申报"世界文化遗产"并获得成功，在平遥的发展史上无疑是非常重要的事件。

1997年12月3日"申遗"成功，给平遥带来了历史性的变化。随着时间的推移，平遥县城作为"世界文化遗产"，其价值弥足珍贵。"平遥古城是中国汉民族城市在明清时期的杰出范例，平遥古城保存了其所有特征，而且在中国历史的发展中为人们展示了一幅非同寻常的文化、社会、经济及宗教发展的完整画卷。"联合国教科文组织给予平遥的评价，或者说是平遥县城作为历史遗产的价值，我经多年反复体会并深入解读后，觉得非常恰如其分，当之无愧。这样的文化价值，经过时间的洗礼和历史的沉淀，并在国内外宣传之后，社会各界对平遥县城认可接受的程度让平遥和平遥人始料未及！

平遥"申遗"成功的时间恰恰在国内"井喷式"旅游发展的前夕，所以平遥幸运地踏上了时代的节拍，赶上了旅游发展的"第一列快车"。有"世界文化遗产"品牌的加持及自身文化价值，旅游的发展给平遥群众带来了很大的实惠。故此，平遥"申遗"成功之后，除了成为文化的中心之外，也迅速成为旅游"热点"，知名度和影响力逐年提高。紧接着，平遥依托世界文化遗产的品牌优势积极开办了"平遥国际摄影展""平遥国际电影节"等具有国际影响力的活动，进一步走向了世界，更好地彰显了价值，知名度和影响力日益提升。平遥人以及为平遥的发展努力过、付出过的各界人士当然非常自豪和骄傲，曾经参与平遥"申遗"的各级领导、专家纷纷撰文，记述工作过程中的艰辛和执着的情怀。

正式提出"申遗"之前的几年时间中，平遥的相关领导人，如时任县人大常委会副主任的王志毅等，参加了国家建设部与联合国人居中心在平遥举办的全国中小历史文化名城保护和建设培训班，期间，郑孝燮教授提出："将以政协提案的形式向国务院建议由国家向联合国有关机构提出申请，把平遥古城列为世界文化遗产。"[1]这使得他们对"世界文化遗产"的概念有了初步认识。此后，他们在各种会议或活动中积极呼吁和希望推动平遥申报，并且多次与专家、学者对平遥申报世界文化遗产的方法、路径进行过探讨。这些启发式的交流，促进和影响了专家推荐、建议平遥"申遗"的想法，符合事物发展的惯例。而且，在1994年6月的会议之中，"我与乃凡同志[2]看望了与会的领导和专家，乃凡同志提出让郑孝燮、罗哲文、徐禾3位老专家联合在大会上提出支持平遥古城'申遗'工作，让大会响应"[3]，这样便有了会议中"倡议平遥申遗"的议程。任何事物的发展必然需要一个契机或一个节点，成为历史的记载。所以之前的有识之士、各级领导的努力浓缩在了1994年6月在平遥召开的"全国历史文化名城委员会二届三次理事会暨平遥历史文化名城旅游经济开发论证会"上。由郑孝燮、罗哲文等老专家提议平遥申报世界文化遗产并发出倡议，可称之为平遥"申遗"的起点。

倡议之后的一年多的时间中，在平遥当地开展的关于"申遗"的实质性工作基本不多。提出倡议之后一年半左右的

[1] 引用自中共平遥县委员会平发〔1992〕第12号文件。

[2] 成乃凡，时任县政协副主席。

[3]《平遥古城"申遗"亲历记》，王志毅。

1995 年的 12 月份之前，平遥的"申遗"工作主要在北京的建设部和国家文物局这两个部门之间推动。这段时间中，两个部门针对平遥申报的工作有过争议，而且应该是比较激烈的争议，争议的结果是平遥没有被列入预备名单之中。换句话说，平遥在"申遗"的路上，有过"几乎夭折"的经历。据郑孝燮给时任建设部部长和国家文物局局长的信可以得知，1995 年 6 月 15 日，国家文物局开会"审议推荐的世界文化遗产预备项目"中并无平遥。这样的消息，平遥人一来无法得知，二来即使之后一段时间内得知，也几乎没有能力改变。郑老力挺平遥"申遗"，给部长、局长书面陈述："建议建设部和国家文物局组织'历史文化名城保护专家委员会'会内会外的部分专家参与两座古城^①的调查评议。联合国教科文组织办理申报项目的审定，就是先经专家调查，然后做决定。"

①这里指丽江、平遥。

这个建议得到了建设部和文物局领导的同意后，郑老于同年12 月再次代表建设部和国家文物局带队亲自赴平遥进行了为期 5 天的考察，并写下专题报告。报告中明确表示：①平遥古城标志着中华人民共和国汉民族优秀的历史文化，具有重要的历史、艺术、科学价值；②平遥古城保护完整，措施比较完善，应当继续贯彻"保护为主，抢救第一"的方针；③完全支持平遥申报为"世界文化遗产"。从此，平遥申报世界文化遗产的工作才正式展开。

解读郑老的这封信的内容，可以分析得知，当时国家文物局开会讨论预备名单时，在平遥"去留"的议论中，对平遥的文化价值、保存的程度、不协调建筑等情况以及工作中存在的不足都有"质疑"，以致郑老用"几个焦点的问题"这样的词语来回应提出的问题。特别是郑老最后归结："主持申报审议工作的我部、国家文物局的司、处单位，我相信会像政府'扶贫'工作那样。如果有的名城存在什么工作差距，就更需要扶持、促进，而不是听之任之。申报世界遗产项目是向国家负责之事，除有关领导的调查外，依靠专家调查咨询是必要的。"这段话除了让我们深深地感受到郑老为国担当的胸怀和对历史文化名城的爱护之外，更让我们感觉到郑老一如既往地对平遥这座历史文化名城的珍视。当年是以郑老为首的一批老专家将平遥送入国家历史文化名城的行列，如今他又为平遥的申遗"拍板"。

我们多年以来始终沉浸在所谓"申遗"成功的喜悦之中，许多人都在展现当年参与"申遗"工作的点点滴滴，但很少有人去认真体会这段申报工作几乎被"搁浅"的经历，去反思平遥在当时工作中的不足，去思考今天成功的来之不易。时任县政府主管此项工作的副县长安锦才在其《实录平遥申遗》中说："早在1994年'两会'之后，由于我们申报经验几乎空白，所走弯路多多。"这样坦诚而且明显委婉的表述，既记述了事情的存在，也含蓄地表达了工作的不足或欠缺。可以想象，当时国家文物局会议没有将平遥列入预备名单，并不是因为平遥的价值不够，关于价值、数量等的说法大概都是托词，一定是有工作不足而导致没有通过。《实录平遥申遗》道出了真情："更主要的是，一些长期支持平遥文物保护修复的国家部门的领导同志一直认为地方政府支持配合不力，平遥古城'脏乱差'无法在几年中彻底改观，申报成功的希望十分渺茫。"所以，才会有郑老信中"如果有的名城存在什么工作差距，就更需要扶持、促进，而不是听之任之"那样语重心长的话语。

回顾这段历史过程时，似乎有点"惊心动魄"的味道。平遥在"申遗"的路上，其实有过"命悬一线"的时刻，是郑老的出现，才转"危"为"安"。故此，又不得不感叹平遥这片土地的神奇，在这样的时刻，有"贵人"的出现，再次改变了平遥城的"命运"，并开辟了全新的走向。更让我们不得不心生敬意的是，在多年之后，无论是郑老本人还是别人，都未曾提到郑老有此经历，只在《实录平遥申遗》中和一些当时与郑老工作交往密切的同志的一些回忆文字中，可以找到一些记载。

平心而论，平遥县城在拥有独一无二的历史文化价值和历史物质遗存的前提下，"申遗"的一举成功，郑老起到了决定性的作用；在具体操作中，时任县委政府主要领导廉兴有、刘志杰认识到位、决策担当、把握节奏、有力组织，时任副县长安锦才尽职尽责、千方百计地努力推动，他们起到了关键性的作用；作为与上级"申遗"主管部门对口工作的县建设局工作者，时任局长范良德及其他相关同志则发挥了重要的作用。

当然，任何事情的成功，绝非单一因素、单一条件的作用。平遥能够成为汉民族城市的范例代表而被列入世界文化遗产，也同样不是一个人、一件事就可以实现的，是历史的积淀和现实的努力，以及"贵人"的相助，一起带来了平遥的发展。

客观并理性地讲，平遥"申遗"的成功基于的是祖先对平遥县城营建的完美、历史文化价值的全面以及历代前人、历届政府有心有意对县城的保留、保存、保护的完整，加之幸运地有了以郑老为代表的国家、省、市各级领导、专家、教授的关怀与努力，以及当时主抓此项工作的县内各级领导和同志的倾力奋斗的合力，这些共同成就了这个令当今诸多地方羡慕的"平遥"。

这个成绩的取得，绝非任何人凭一己之力所能完成或达到的状态，是无数在县内、县外，台前、幕后工作的领导、专家及各界人士，他们在不同的层级、不同的阶别、不同的岗位、不同的时间，以不同的身份发挥了不同的作用。各级各界同人睿智和勤奋地工作，共同搭建起了"申遗"成功之大厦。每个人的作用和价值都是唯一的，而且是不可替代的。

可以说，平遥无论过去还是现在的成功，都是社会各界、各级合力推进、合力拼搏的结果。讲得"玄"一点，其中也应该有无数历代先贤为这座城的付出所积攒的灵气和脚下这块黄土地对平遥后人所付出努力的回馈。平遥人应该倍加珍惜，妥为保护。

平遥的后人应该向所有参与"申遗"的人士致敬。所有参与"申遗"的同志，应该感恩自己赶上了好机遇，有机会为平遥的发展出力，是历史选择了自己，而不是自己改变了历史。

"申遗"的历史意义更多在于对这座千年城池的文化价值和历代先贤及当代平遥人民对这座城的保留、保存、保护所做的努力和工作的肯定。"申遗"确立了平遥这座饱经沧桑而且曾经在人类历史上有过重大贡献的县城在国际的地位、意义的背后是更大的责任和更大使命，即如何将独一无二的历史文化名城做到全面传承保护，如何让平遥人更加热爱平遥城，如何让这座肩负着汉民族城市范例使命的县城走得更远、更科学。

荣誉获得、惠及大众之后，"申遗"时承诺的科学保护能否完美兑现，且交给时间回答，让历史去评说。

附

国家历史文化名城保护专家委员会副主任郑孝燮致国家建设部、国家文物局领导的一封信①

1995 年 6 月 19 日

侯捷部长、如棠副部长、德勤局长、张柏副局长：

建议平遥古城（汉族文化）和丽江古城（纳西族文化）应同时向联合国教科文组织申报为"世界文化遗产项目"，并及早为此组织专家调查。

1995 年 6 月 15 日，国家文物局开会"审议推荐的世界文化遗产预备项目"。项目为：①苏州园林；②辽宁牛河梁遗址；③云南丽江古镇；④其他推荐项目建议及总结。对前三项均无异议。我对平遥古城未列入书面，只由主持人口头上提出，感到奇怪。相形之下，一不请山西省及平遥县人来，二无平遥准备的文件，三无平遥录像可看。"缺席裁判"，我认为很不公平。主持人虽安排了同济大学阮仪三教授口头上简介平遥古城，但他不代表地方政府。中国联合国教科文组织全国委员会三处的负责人到会并着重讲了申报注意的原则等项。听后对到会的苏州、辽宁、丽江的领导及专家回去做好下一步工作很有帮助，可惜未请平遥人来听。

向联合国申报世界遗产项目是对人类文明尽责，也是为国争光的大事。我国是《保护世界文化与自然遗产公约》参加国，对此更当义不容辞。为了审慎地做好申报的下一步工作，建议建设部和国家文物局组织"历史文化名城保护专家委员会"会内会外的部分专家参与两座古城的调查评议。联合国教科文组织办理申报项目的审定，就是先经专家调查，然后作决定。

几个焦点性的问题：

1. 关于历史遗产的"原汁原味"，即历史纯度的问题，我国已列入"世界遗产名录项目"的历史纯度，并非均为百分之百。①北京故宫，西华门城墙上建有设计低劣的仿古层楼（现为档案馆）。②八达岭长城之"北门锁钥"关外建成了一片闹市。此外，古城的历史纯度，对于丽江而言也不是百分之百（鸟瞰照片可看到几处新建筑）。至于平遥古城，我认为则接近 90%。虽然如此，但平遥、丽江的古城风貌在全国仍是古色古香之最。

2. 关于古城形制的基本历史价值：平遥古城体现的是儒家思想体系的汉民族文化，贯穿着封建礼制的规范，形成了讲究方正、对称、中轴、主次及等级关系等的城市布局形制，并特别突出了晋中的地方民居建筑特色。丽江古城则体现为以纳西族为主的少数民族文化，贯穿着元、明、清土司统治体制的关系以及因地制宜、不拘规矩的城市自由布局的形态。代表汉族文化与代表少数民族文化的平遥与丽江应同时并重。

3. 关于多少的问题：历史名城已列入《世界遗产名录》的如墨西哥有五个，意大利有四个，泰国、巴西、波兰各有二个……我们现在从零开始，这次申报平遥、丽江二项不能说多。

4. 关于重点文物的文化品位，平遥虽是县城，却拥有四处全国重点文物和多处省级重点文物，它们的文化品位都很高，而且绝大多数保护很好。仅我所见的平遥古建筑，就有五代、宋、金元时期的八处（注），明清的就更多。摘举如下：

文物名称	建筑年代	文化品位	备注
城墙	明洪武三年（1370）	全国保存最完整的明初县治砖城	
镇国寺万佛殿	五代北汉（963）	全国最古老木构之三（一为南禅寺、二为佛光寺）	
文庙大成殿	金代（1163）	宋金时代的大成殿，现在全国已属罕见	
双林寺	北齐（571）始建，现为明建	为宋、元、明彩塑的艺术宝库	
古城中心市楼	清代	古色古香的城区中心焦点，体现"点晴"的艺术魅力	
清虚观龙虎殿	元代	"悬梁吊柱"结构奇特	元代彩色龙虎二将杰作
日昇昌票号	清代	中国金融发展史上的活化石，开创"汇通天下"存放汇兑统一经营之鼻祖	创建于鸦片战争前

按：平遥日昇昌票号创建于1824年（清道光四年）。"直到本世纪初……北京、上海、广州、武汉等城市里的那些比较像样的金融机构，最高总部大抵都在山西平遥县和太谷县……大名鼎鼎的日昇昌……是金融发展史上一个里程碑"（《北京广播电视报》1994年10月18日载：陈进《票号——银行》摘）。"清末山西票号在国内85个城镇和日本大阪、神户、东京及朝鲜仁川设立分号共四百多……其中日昇昌票号分号之多、业务之大，居山西票号之首。清末年汇兑款额达3 000多万两。"（《山西商人的生财之道》山西省文史资料研究会第64页）。平遥日昇昌票号保存至今的前店后院式三进四合院的建筑，貌虽不惊人，却是原汁原味。尤其是它蕴藏

着如此非凡的历史内涵，应该引起调查研究时的重视。平遥古城在清朝之所以特繁荣，基本原因正在于票号的兴盛。

丽江重点文物的文化品位问题，我因未去过，所以缺乏了解。只是有些想象：丽江历史上是土司统治的边远地方，称之这种体制的土司衙门、土司府等文物建筑，应当进一步重视和保护。丽江的另一优势为玉龙山，国家级风景名胜区，带给古城的自然"借景"，玉龙山"借景"等于天赐的高水平的环境文化品位。

5. 主持申报审议工作的我部、国家文物局的司、处单位，我相信会像政府"扶贫"工作那样。如果有的名城存在什么工作差距，就更需要扶持、促进，而不是听之任之。申报世界遗产项目是向国家负责之事，除有关领导的调查外，依靠专家调查咨询是必要的。

1981年国庆，同济大学陈从周教授为《保持古城特色的平遥县城规划》一文题言，"妥保斯城，务使旧城新貌，两不干扰"，现在不仅平遥，而且丽江的规划都采取了古城区与新建区分开，既保古城区风貌，又另建新区新颜，两不干扰。

以上建议如有不妥或有错误，请指示。

郑孝燮

1995.6.19

旅游的"简历"

"旅游"一词，在国家层面出现的时间大概在 20 世纪 70 年代末期，比较晚。我国最早的具有旅游性质的活动主要集中在外事领域，故最初旅游的主管部门是外交部。但是，"旅游"这个词在平遥这样的小县城的出现应该算是比较早的，1979 年 9 月，平遥县革命委员会《关于加强平遥城墙保护工作的通知》多次提到旅游，强调保护好平遥城墙是"为发展我国旅游事业积极创造条件""为发展旅游业贡献力量"。

一、肇端

1979 年 3 月 20 日，距县城 6 千米的双林寺接待了首批"中日友好协会"的日本客人，开启了平遥旅游业的前奏。当年 4 月 20 日，县政府成立了"平遥县文物管理所"，系统开展文物保护工作，并继续加强对双林寺的维修和开放的具体工作。也正是这些工作打开了平遥人的视野，使他们对旅游有了初步的认识。所以，在刚刚改革开放的 1979 年，平遥一个小小的县城便有了发展旅游为国家做贡献的"觉悟"。

1984 年送审的《平遥县城总体规划》中，"旅游规划"的内容中有"旅游性质""旅游线路及日程安排"和"为旅游服务需要新建设的项目"等，尽管非常简单，现在看来甚至不尽合理，但是在当时能有如此认识确实不易，可谓"平遥旅游规划"之鼻祖。

随着双林寺接待工作的深入，双林寺成为了山西重要的外事窗口单位，代表中国接待国际友人，各级领导、专家逐步对双林寺的突出价值有了更加清晰的认识和定位。1986 年，双林寺挂牌为"双林寺彩塑艺术馆"，以国内十分难得的彩塑艺术的专业场馆成为国内、国外艺术家的"朝拜"之所。一时间，双林寺名声在外。可以说，双林寺是平遥旅游业发展的先声。

积极完善双林寺各种接待服务设施的同时，1988 年左右，距城东北 15 千米的五代时期的镇国寺归文物管理所管理后，和正在逐段维修的平遥城墙一起尝试接待旅游的客人，但游客寥寥无几，几乎可以忽略不计。

1986 年平遥成为历史文化名城之后，大概为了适应旅游的需要，1987 年成立了平遥县旅游局。现实却是并未因为设置了旅游局，旅游产业就有了发展，故这个旅游局存在 10 年后，于 1997 年初并入了文物局，取名文旅局。1998 年 1 月 8 日，平遥申遗成功后一个月之际，县委、县政府成立了旅游产业指导委员会，下设办公室，为 1999 年冬再度设立旅游局进行了铺垫和准备。

二、过程

20 世纪 80 至 90 年代，发展国内旅游的呼声越来越强，这与时代的进步、经济的发展是有着紧密的关系。就平遥来说，更重要的还是平遥成为历史文化名城之后，到访的各路专家、教授、学者以及一些往海外介绍中国传统文化和风情的媒体记者，将历史文化资源可以大力发展旅游业的观念不断输入给平遥的各级领导，再加上双林寺的样板作用，平遥对发展旅游业的念想始终如一。似乎平遥在成为历史文化名城前后的一段时间，一些院校的老师们对平遥县城发展旅游曾有过一些碎片化的设想，而这些设想主要反映在对传统建筑的如何适应性使用。最早见于为旅游而搞的图纸设计，将石头坡一片以及沙巷街（侯王宾故居）的民居改造为宾馆的设计意向具有很强的前瞻性。一时间，平遥旅游业的未来被一些专家、学者描绘得美好、诱人，平遥人当然向往和期待。

然而，现实是不会因为主观的期待和热情欢迎，旅游的美好前景就能轻易地出现。但是，执着的平遥人没有放弃这样诱人的前景，始终念念不忘。"于是 1994 年 6 月在平遥召开'全国历史文化名城委员会二届三次理事会'时考虑到，如果仅仅开个理事会，内容显得比较单薄，影响也不会很大，为了扩大影响和扩大参会人员，我们拟定以'全国历史文化名城委员会二届三次理事会暨平遥历史文化名城旅游经济开发论证会'作为活动的主要内容和会标。"《实录平遥申遗》这样的记述，无疑是在告诉我们，在当时，平遥发展旅游是目标、是理想而非现状。搭配"旅游经济开发论证会"的意味十分明显，可以清楚地感受到当时政府复杂的心理。大家对发展旅游的认识仍处在概念阶段，但还是觉得未来会美好，所以还要努力向往，一有机会就要"畅想"一下"旅游"的前景，并请各路"大神"来把脉，以祈盼"理想"尽快实现。

其实，平遥成为历史文化名城之后，在当时县内、县外的各界人士为发展旅游提供的众多的建议和设想中，将"日昇昌"票号开设为博物馆和以南大街作为重点发展对象的意见比较集中。所以，平遥县城为发展旅游而进行的最早的实际动作是 1995 年利用"日昇昌"旧址简单陈设后挂牌的"中国票号博物馆"和省旅游局出资 40 万元对南大街（大十字至鸡市口段）进行简单油饰及对老字号店幌和牌匾的复原工作，希望通过这两项初步工作带动促进旅游的发展。但是这种真金白银的投入，以及"自娱自乐"的一厢情愿并没有带来旅游的实际效果。

为进一步加大对南大街整治保护和发展旅游的工作力度，经过一段时间的筹备，1996 年 5 月初，"明清街管理处"对南大街实行了"步行街"管理，其职责是将原来服务城内居民生活的日用百货、糖业烟酒、土产日杂等传统业态，逐步调整转化为符合具有旅游功能的业态。开展工作的当年，平遥开设了时至今日还保留而且比较兴旺的三处场所，分别为"永隆号漆器艺术博览馆"、依托"百川通"票号旧址开设的"票号财东家用器皿博物馆"和在"云锦成"老字号旧址开设的"传统名吃铺"。这三处率先转型的场所和内容，以及"日昇昌"票号博物馆，为 1997 年 2 月联合国教科文组织专家对平遥"申遗"的考察提供了保护发展的"样本"，取得了良好的效果。

1998 年 6 月初，平遥在历经了"千难万险"后，实现了对南大街全部传统建筑的店铺及业态的全面整治，实现了"华北地区最大的古玩市场"的定位。"这主要是靠政策引导加充分发动群众自行投资完成的，政府的少量投资则主要用于街道重修和电力电讯线下地的补助"[①]，为发展旅游奠定了基础，创造了条件。然而，这样较大的真金白银的投入，也仍然没有带动旅游的明显发展。

①摘自《实录平遥申遗》，安锦才，山西经济出版社，2007 年。

在南大街整治工作中，时任建设局局长范良德始终和建设部的相关领导专家保持着沟通。整治完成之后，国家建设部的领导以及专家教授赞扬不已。时任建设部规划司副司长的王景慧专程到平遥收集南大街整治的相关资料，向全国推广介绍。在那个时段，南大街的工作成果具有完全不同的两种待遇：一方面在名城保护圈内，平遥南大街保护整治的成功，成为全国学习的先进案例，业内专家按经典案例进行研究、传授，各地纷纷到访取经；另一方面，由于旅游的预期热潮并未到来，在南大街投资的商户几乎无生意可做，无法维持，尽管县政府实施了减免房租的优惠政策，但是一段时间内还是出现了不少门店保本转让的现象，令人辛酸。造成这种现象的主要原因是，整治后的南大街中经营的内容与群众生活已经脱钩，群众自然不再前往消费；而为游客准备的业态，由于旅游业没有出现，南大街在这段时间出现了比较萧条的景象。这个时候，包括部分政府干部在内的一些人对这样的现状"风凉话"四起：明清街搞成了"清明街"①。这种进退两难的状况，使得社会上议论纷纷，也有部分人曾经动摇过对发展旅游的决心。这样苦熬了三四年之后，2000 年我国旅游业的第一波"井喷式"兴起，才让在南大街投资的商户和社会群众看到了希望。南大街在保护好传统建筑的前提下，同步发展旅游的愿望开始逐步实现，并以此为中心向周边辐射，影响和带动了平遥城的旅游发展。

① 意为"鬼街"，没有人气。

三、启示

平遥的旅游事业，在 1995 年之前，甚至 2000 年之前可以说几乎没有发展。旅游产业是一个与社会发展阶段中的各种相关因素关联度较大的综合性产业类别，需要较多的条件作为前提方可出现，比如国内生产总值、交通、文化等的支撑，还需要国家层面政策的保障和支持。所以说，平遥即使具备了"世界文化遗产"的品牌，出现了零星的旅游者，但仍然没有遇到旅游业发展的"天时"，单纯依靠主观的努力，带动旅游业发展的概率微乎其微。只有在社会经济发展到一定时期，国家鼓励社会发展旅游的大势之下，"黄金周"等一系列政策开始推行，平遥才有了真正意义上的旅游产业，而且发展迅速。

虽然对旅游祈盼并积极准备已有多年，但旅游起步之后的超快速发展，让平遥人还是有点"猝不及防"。几乎都还没有来得及定神，一浪高过一浪的游客就将平遥带入了著名的"景点""景区"行列。这样的业绩，毫无疑问受益于县城文化的完整性和世界文化遗产的影响力，是在国家大力提倡发展旅游的各种政策、措施的积极推动下取得的。毋庸置疑，一度被一些干部、群众视为"笑谈"的"日昇昌"的开放和"明清街"的全面整治则是非常正确和完全必要的。正是这些前期的准备，才使得平遥迅速地赶上了国家发展旅游政策的机遇，使得平遥在某种意义上领跑山西的旅游，成为古城类文化旅游成功的标杆。我们坚信，世界上所有成功的机遇，都是给有准备的人创造的，任何成功绝不会凭空而来。

平遥的实践告诉我们，旅游产业的发展，不是仅靠一地、一点、一城、一街就可以支撑的。现代旅游更是如此，也不是靠有些人喊口号就能喊来的。社会经济没有发展到一定阶段，没有得到国家政策的支持，或者没有形成社会发展的态势，任何单线、单点发展旅游的愿望和想法都很难实现。在小县城或小区域出现成规模的旅游业，更是几乎不可能。

2000 年之后这样"热闹"的景象，不仅在平遥"上演"，在全国大量的遗产地、风景名胜区同样"繁荣"。平遥这样"辉煌"的旅游光景已走过 20 年，旅游的形式、内涵等也都在发生着或发生了很大的变化，但平遥近些年的"旅游产品"仍"一如既往"，导致从整体上讲，近些年平遥旅游业的"疲态"越发明显。同时，现阶段的观光型旅游产业，给平遥广大群众带来的实惠和给平遥城保护带来的压力同样巨大。在当前旅游方式已经逐步由"观光旅游"走向"体验旅游"，以及强调真正将生活状态融入旅游产品的设计和推广中的背景下，肩负世界文化遗产保护责任的平遥，如何发展过度依赖大众式观光旅游而成长起来的旅游业，是其未来一段时间将要面临的重要考验。应该如何回顾总结，如何面对未来，非常值得思考。

20 世纪 80 至 90 年代，遥不可及却天天期盼的被称作"无烟工业"的旅游业，终于在 21 世纪初始有了异常快速的发展。平遥幸运地踏准了时代的节拍，凭借着世界文化遗产的品牌影响力，吸引国内外旅游者蜂拥而至。遥想当年，平遥创立票号，很快成为全国的金融中心，具有不可替代的特殊地位。当年的繁荣，促成了平遥城乡的全面发展，留下了丰富的文化遗产，让平遥城如今成为"汉民族城市的杰出范例"而屹立于世。然而，在今天"观光"旅游的繁荣之后，究竟会给未来留下什么呢？

后记

　　记述平遥"申遗"之前在县城保护中的一些事情和认识的想法，由来已久。却因在意种种议论，担心表述不够精准，而一直未提笔，但始终在心头挂着。2019 年深秋，与王国和同志闲聊起他的城墙维修生涯时，长期寄存于我内心的这个愿望被再次触碰。

　　亲历平遥县城从 20 世纪 80 年代初至今的从内到外的深刻变化，无数场景不断地在脑海中闪现，让人激动又感慨。近 40 年的历程，脚踏实地的常态工作中所经历的诸多与县城相关的愉快、郁闷、迷惘、无奈的心情被不时勾起。

　　对平遥城从"籍籍无名"到"举世闻名"的"成长"之路的研究分析，通常从保护理念到建筑和空间的保护措施入手，也就是说，往往更多关注的是物质对象和技术方案。但是，只有这个视角是不够的。平遥经历千年沧桑尤其是改革开放前十几年的"旧城改造"浪潮和居民新（改）建住房，仍能完整地保存古城风貌。静心体会，深感岁月在这片土地上孕育出的植根于人们内心的文化根脉在其中发挥的作用不可忽视，这种地域文化基因的全民传承、凝聚的社会氛围和群体意愿，演化成为平遥县城完整保存的"护城之符"。故在叙述 1975—1995 年平遥城的成长经历之前，先从诸多方面以挖掘地域文化形态的思维方式探索这座城的内在性格、精神特征、文化格局、生活风俗等文化构成，对这些深厚文化积淀的集体认同，在平遥前行的路上所起的作用不可被低估，是有效保护平遥的内在逻辑和精神力量。

1975—1995 年在平遥县城的保护、发展的历程中的诸多事情和过往，不管是肯定还是否定，都已尘埃落定，成为了历史。尽管如此，我尝试去回忆、思考、记述所经历的事情，尽量以理性的历史观，客观真实地表达事物的原貌，立足当时的时代背景和社会阶段去分析得失，不涉及具体事件中人物的个体内心，但是对其中有过贡献或努力的同志表示了敬意。

选择 1975 年起头，是基于平遥建设局成立的时间，即城市、县城由单一生产的观念，开始转向生产和生活兼顾的社会价值的标志，这种观念的变化与国家的大方针是基本吻合的。选择 1995 年作为结束时间，是因为这是平遥"申遗"的决定性年份，从这一年开始，平遥在旧城保护方面，基本上进入了"世界遗产"模式下的发展状态，在这个时间点之后，平遥县城所发生的变化是深刻而且影响深远的，1995 年是县城进入另一种状态的分界点和标志性年份。

关于书名的确定，源于在研究、思考平遥的成长经历时常常会感受到脚下这片黄土的神奇，是其造就了平遥今天的辉煌。故我"唯心"地认为，一切都是大地的馈赠，以寄托对大自然和无数先贤的敬畏和感恩。

非亲历的 1975—1982 年时段中有关平遥县城建设、规划、文物保护方面的情况，我主要通过对当事人、亲历者的采访获得。在记述中，为了充分尊重重大事件中亲历者感受的真实性，尽量将定型的文件、本人的叙述、成文的稿件、政府的文件和出版的书籍作为思考事情的基点。重要观点尽量引用作者原文，以体现对作者的尊重及分析资料的原始性与可靠性。

在书稿整理中，我与王忠、赵宝安二位同事了解了未曾经历的关于建设方面的诸多事情；我与王国和先生共同对年过九旬的老领导张俊英进行了采访；范良德同志提供了一些珍贵的历史资料；通过对赵昌本前辈的采访了解到了双林寺开馆及文物保护方面的一些内容；王忠同志提供了他多年的工作笔记；平遥古城希尔顿欢朋酒店、山西伯多麓保禄奥斯定综合经营管理有限公司、山西开富建设工程有限公司、山西开富房地产开发有限公司对本书的出版给予了鼎力支持。还有许多对本书有过帮助的人，恕不一一具名。在此一并表示感谢！

书中部分照片，因联系不到所有者，未及署名，所有者看到后请与本人联系，以便支付稿酬。

2022 年 8 月

平遥县县城规划总图

（本图制定于 1982 年 5 月。旧城内除保留历史上的商业街为商业服务用地外，绝大部分保持了居住用地。该图被列为"申遗"文本中附图时已到 1996 年，古城的居住功能基本保持；绿地、污水处理等基础设施建设基本尚未实施，城市用地规模也基本没有突破。但未在图上做出安排的西城和北城的村民建房，在分别属于各自集体所有的土地中进行了建设。也就是说，用地总规模没有突破，但是用地位置和建设方式没有依图而实施。"申遗"文本中附录了此图，其意义和作用更多在于表达"保护方法"中"总体布局上划分为古城保护区和建设新城区"的"保护旧城，建设新城"策略。）

平遥县基本建设委员会
1982.5

平遥县城市规划图

（平遥县建设局，1976 年 12 月。）

174

平遥县城市规划图

比例 1:5000

平遥县建设局 1976、12

平遥县城镇总位

平遥县城镇总体规划图

[同济大学参与之前，平遥的城市规划图已经有过两稿。

一稿中所标时间为 1976 年 12 月。现在阅读此图，感觉极为简略，疑为过程稿。其中体现的建设发展布置方式，很符合当时社会阶段一般县城对城市未来的想象与追求。

二稿（定稿）的布局和格局与一稿相比规整了许多。在一稿的基础上，明显的变化是规模的扩大和穿越城墙内外一体化的道路网络，看上去比一稿明显专业了一些。东大街、西大街及以城隍庙街、衙门街和西湖景街为主构成的两条东西向干道，与以南大街为主和以沙巷街为主的两条南北向干道构成了"井"字式的城市道路骨架，这明显是城市的中心。现在仍存留的城隍庙街正对的新东门及南城墙正对康宁街的小南门，同西大街沙巷口以西"宽敞"的街道一样，是这一规划实施后留下的痕迹。

在二稿（定稿）的规划图中，除城墙之外，图中县城中的诸多历史遗迹（如寺庙等），均未作特殊保留处理，甚至未作标注，而是专注于"新"的发展建设理念，"城市"的样子在这稿中得到了"努力"体现。除道路骨架的梳理外，南城墙外所布置的"城市广场"时代特征比较明显。]

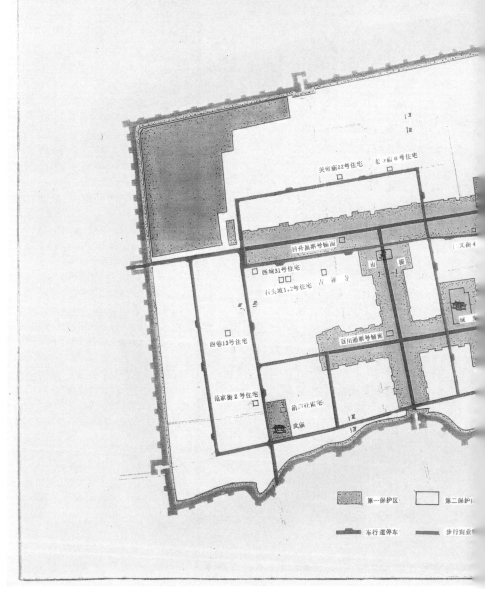

平遥县古城区保护规划

关帝庙22号住宅 志诚临6号住宅

日升昌票号铺面 市楼

西城31号住宅

石头坡1、2号住宅 古衙署

百川通票号铺面

西巷13号住宅

范家街2号住宅 葫芦庄庙宅

武庙

第一保护区 第二保护区

车行道停车 步行商业

平遥县古城区保护规划（一）

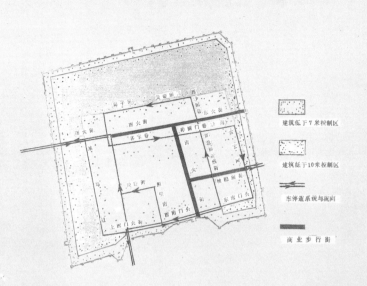

建筑低于7米控制区

建筑低于10米控制区

车停道系统与流向

商业步行街

建筑高度控制及车行系统 1:1000

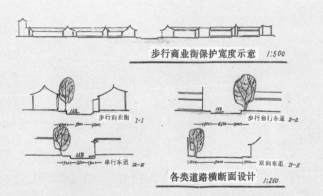

步行商业街保护宽度示意 1:500

步行商业街 I-I

步行自行车道 II-II

单行车道 III-III

双向车道 IV-II

各类道路横断面设计 1:250

区保护区划图

上海同济大学城市规划专业赴平工作组
平遥县基本建设委员会 1982.5.

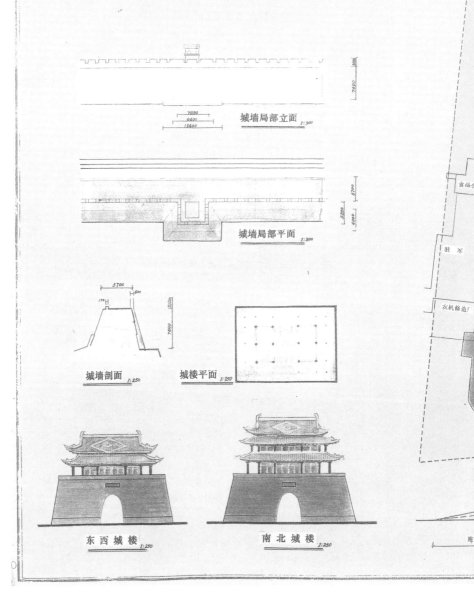

城墙局部立面 1:300

城墙局部平面 1:300

城墙剖面 1:250　　城楼平面 1:250

东西城楼 1:250　　　　　　南北城楼 1:250

平遥县古城区保护规划（二）

（附于"申遗"文本中的这两幅关于古城保护的规划图，基本反映了当时重点保护思维下的保护理念。图中所标注的重点寺庙、城墙、店铺、民居等，直到现在都有着比较好的保护和利用。

"申遗"文本中"第三阶段2000—2010年"应当全面完成保护规划的要求，达到"古城风貌完整、古城特色鲜明、基础设施完善、商业经济繁荣、环境幽雅整洁，生活居民安宁"的标准，尚未做系统的总结评估。）

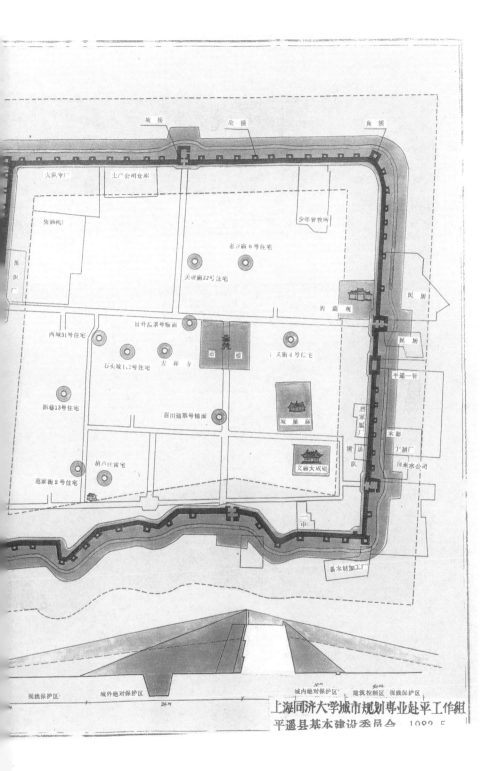

城楼　敌楼　角楼

大队专厂　土产公司仓库

棉纺机厂

少年管教所

棉绒厂

老市庙6号住宅

关帝庙22号住宅

清虚观

民居

日升昌票号铺面

西城31号住宅

民居

市楼

又街4号住宅

平遥一针

石头坡1、2号住宅　吉祥寺

西巷13号住宅

百川通票号铺面

城隍庙

烈军属厂

木器

范家街2号住宅　葫芦壮庙宅

文庙大成殿

演活队

自来水公司

丁制厂

中

县木材加工厂

视线保护区　城外绝对保护区　城内绝对保护区　建筑控制区　视线保护区

24M

上海同济大学城市规划专业赴平工作组
平遥县基本建设委员会　1982.5

内与外——2003 年的南城墙

新与旧——2020 年的南城墙
（王晓东摄影。）